古法今观——中国古代科技名著新编

酒经

〔宋〕朱肱 著

郭丽娜 编译

江苏凤凰科学技术出版社

图书在版编目（CIP）数据

酒经 ／（宋）朱肱著 ；郭丽娜编译 . — 南京 ：江苏凤凰科学技术出版社 ，2016.10
（古法今观 ／ 魏文彪主编 . 中国古代科技名著新编）
ISBN 978-7-5537-7239-4

Ⅰ . ①酒… Ⅱ . ①朱… ②郭… Ⅲ . ①酒－文化－中国－古代②《酒经》－译文 Ⅳ . ① TS971.22

中国版本图书馆 CIP 数据核字 (2016) 第 230609 号

古法今观——中国古代科技名著新编

酒经

著　　　者	〔宋〕朱肱
编　　　译	郭丽娜
项 目 策 划	凤凰空间／翟永梅
责 任 编 辑	刘屹立
特 约 编 辑	蔡伟华

出 版 发 行	江苏凤凰科学技术出版社
出版社地址	南京市湖南路 1 号 A 楼，邮编：210009
出版社网址	http：//www.pspress.cn
总 经 销	天津凤凰空间文化传媒有限公司
总经销网址	http：//www.ifengspace.cn
印　　　刷	北京博海升彩色印刷有限公司

开　　　本	710 mm×1 000 mm　　1/16
印　　　张	10
字　　　数	195 000
版　　　次	2016 年 10 月第 1 版
印　　　次	2021 年 1 月第 3 次印刷

标 准 书 号	ISBN 978-7-5537-7239-4
定　　　价	38.00 元

图书如有印装质量问题，可随时向销售部调换（电话：022—87893668）。

　　作为有着几千年历史的农业古国，中国的酿酒业和酒文化同样源远流长。比如西周时期就已设有"酒正"一职，专门负责酒的生产和供给。《礼记》中则对酿酒提出了"秫稻必齐，曲蘖必时，湛炽必洁，水泉必香，陶器必良，火齐必得"的要求；北魏贾思勰在《齐民要术》中首次对汉代以来的酿酒方法做了专门记述和总结。到了宋代，酿酒技术的发展达到新的高度，特别是黄酒酿造技术，更是发展到最辉煌时期，形成了传统的黄酒酿造工艺流程和理论，并在技术和主要工艺设备上有了基本定型。而与此相对应的，则是开始出现各种关于酒文化和酿酒技术的专门著作，例如陶谷《清异录》中的《酒浆门》、张能臣的《酒名记》、何剡的《酒尔雅》、窦苹的《酒谱》、苏轼的《东坡酒经》和范成大的《桂海酒志》等，在这些林林总总的著作中，学术水平最高、最能完整体

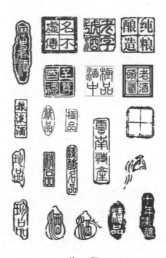

朱　印

现中国黄酒酿造工艺精华，且最具有指导价值、最具代表性的就是朱肱的《酒经》。

《酒经》也称为《北山酒经》，其作者朱肱（1050—1125），字冀中，号无求子，晚号大隐翁，北宋吴兴（今浙江湖州）人。朱肱出身于书香之家，精通医学，尤其是伤寒症，曾被征为医学博士，负责朝廷医药政令。崇宁元年（1102年），因为上疏谏言灾异、指摘执政者章惇的过失，而忤旨遭罢官，于是退隐到杭州西湖的大隐坊，开始酿酒著书，最终写成了《酒经》一书。

《酒经》一书所记载的酿酒专指黄酒，主要包括米酒、红酒、羊羔酒和猥酒等，其中以米酒为主。全书分上、中、下三卷，卷末附有"神仙酒法"。上卷为全书总论，总结了历代关于酿酒、制曲等方面的重要理论，概述了酒的起源和发展历史，以及撰写本书的缘由。中卷论述了制曲的理论和技术，并收录了十三种酒曲的配方和具体制

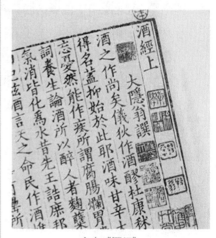

宋本《酒经》

法。下卷则专门讲述了酿酒的一般工艺过程及各种酒的具体酿造技术。卷末的"神仙酒法"包括三种酒的酿造方法和两种曲的制作方法，其中三种酒法融入了很多人文元素、理想元素，这也体现了著者本人的一种社会理想。

虽然中国的酿酒理论初步形成于北魏贾思勰的《齐民要术》，但对后世影响最大的还是朱肱的《酒经》。与其他古代酒类书籍不同，《酒经》不但对中国的酒文化做了高度概括，并且对制曲、酿酒方法以及如何制浆、淘米、用曲、榨酒、收酒和存酒等都做了最为详尽细致

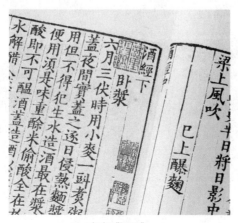

宋本《酒经》

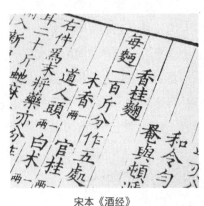

宋本《酒经》

的描述，读者完全可以依法炮制，或稍加改进，就可以酿制出一坛美酒。应该说，《酒经》既是一本酒文化专著，更是一本酿酒工艺实用工具书，它对我们今天的酒类生产从业者有着极大的借鉴作用。

本书在译注时，以清乾嘉年间江南大藏书家鲍廷博、鲍士恭父子刊刻的《知不足斋丛书》为底本，并以明人陶宗仪等人编著的《说郛三种》，以及《四库全书·子部·谱录类》收录的《酒经》为参照本，进行了校勘。由于《酒经》涉及众多酿酒、制曲技术方面的专业知识，此非笔者所能通晓，再加上水平有限，因此书中舛误之处难免，敬请各位专家及读者不吝批评、指正。

编译者
2016 年 10 月

目 录

上 卷

总　论

原典

　　酒之作尚矣。仪狄酒醪①，杜康②秫酒，岂以善酿得名，盖抑始于此耶？

　　酒味甘，大热，有毒。虽可忘忧，然能作疾。所谓腐肠烂胃，溃髓蒸筋。而刘训《养生论》：酒所以醉人者，曲蘖气之故尔。曲蘖气消，皆化为水。昔先王诰：庶邦庶士"无彝酒"；又曰"祀兹酒"，言天之命民作酒，惟祀而已。六彝③有舟，所以戒其覆；六尊④有罍，所以戒其淫。陶侃⑤剧饮，亦自制其限。后世以酒为浆，不醉反耻，岂知百药之长，黄帝所以治疾耶！

杜康造酒图

注释

　　① 仪狄：传说为大禹时代善于酿酒的人。《吕氏春秋》："仪狄作酒。"《战国策·魏策》："昔者，帝女令仪狄作酒而美，进之禹，禹饮而甘之，曰：'后世必有以酒亡其国者。'"酒醪，汁滓混合的酒，人类最早制作的酒就是汁滓混合的，后泛指酒。

　　② 杜康：传说是历史上第一个酿酒的人。有的人说，杜康即少康，是夏朝的第五位国王。也有人说，杜康是黄帝手下的一位管粮食的大臣。

　　③ 六彝：斝彝、黄彝、虎彝、蜼彝。彝类之排序大致是由小而大，小而尊，大而卑。

　　④ 六尊：古代的六种酒器。《周礼》中的六尊为牺尊、象尊、著尊、壶尊、太尊和山尊。六彝和六尊分别用于不同的场合。六尊中有一种叫作罍的酒器，做成小口，广肩，深腹，以防止盛酒过多而外溢。

　　⑤ 陶侃：字子行，东晋庐江（今江西九江）人。历任荆州刺史、江西大将军等职。

译文

人类酿酒的历史已经很久远。仪狄酿造了酒醪，杜康以作秫酒而著称，他们不仅仅是因为善于酿酒而闻名于世，也许还由于人类酿酒的历史就是从他们那个时代开始的。

酒味甘辛，大热，有毒。虽然饮酒可以让人忘记忧愁，但同样也能让人患上疾病。就像人们所说的酒能使人腐肠、烂胃、溃髓、蒸筋一样。刘训在《养生论》里说，酒之所以能让人醉，是因为它里面含有曲蘖之气。曲蘖之气一旦消除，酒就会化成水。从前周文王就发布诰令，命令臣民不要随意饮酒，又命令说，只有祭祀的时候才能饮酒，说上天让人发明酒，只是为了用来祭祀的。六彝中有制作成舟形的，这是用来警告人们不要因饮酒而覆舟。六尊中有制作成壶形的，是用来告诫人们不要饮酒过度。晋代的陶侃虽然豪饮，但也会自我限量。而后世的人们却把酒当作汤水，不喝醉了反而觉得羞耻，他们哪里知道酒是百药之首，黄帝是用它来治病的！

杜康像

酒的发明

在中国，自古以来就有很多关于酒的发明的传说，其中影响比较大的有两种。一种是认为由仪狄发明。据《世本》《吕氏春秋》《战国策》等先秦典籍记载，仪狄是夏禹时代的造酒官、虞舜的后人。《战国策·魏策二》说："昔者，帝女令仪狄作酒而美，进之禹，禹饮而甘之。"《艺文类聚》卷七十二引《古史考》："古有醴酪，禹时仪狄作酒。"另一种是认为由杜康发明。据民间传说和史料记载，杜康又名少康，夏朝人，夏朝的第五位国君，是夏后氏相的儿子，也有说其是黄帝时期人、东周人、汉代人，总之说法不一。《世本》云："杜康作酒。少康作秫酒。"东汉的许慎在《说文解字》中说："古者少康初箕作帚、秫酒。少康，杜康也。"清代的陈维崧在《满江红·闻阮亭罢官之信并寄西樵》中说："使渐离和曲，杜康佐酿。"而除了这两个人，民间还流传着尧帝造酒、黄帝造酒等说法，但对后世影响最大的是杜康酿酒说，至今人们仍把杜康尊为"酿酒始姐"，以"杜康"借指酒。

现代杜康酒

事实上，酒的诞生不可能是一人所为，应该是从天然到人工的一个发展过程。据现代酿酒专家傅金泉在《中国酿酒微生物研究与应用》中说："在自然界，浆果表面都有酵母菌繁殖，这些浆果落在不漏水的地方，经过酵母菌的分解作用就会生成酒精，这就是天然的果酒；人们饮用的家畜乳汁，会先由乳酸菌发酵成酸奶，再由酵母菌发酵成奶酒。"据现代科学考证，中国用谷物酿酒，应始于距今五千年左右的新石器时代晚期，到了商、周时期，随着农业的发展，谷物酿酒变得比较普遍。

原典

大率晋人嗜酒。孔群[1]作书族人："今年得秫七百斛，不了曲蘖事。"王忱[2]"三日不饮酒，觉形神不复相亲"。至于刘、殷、嵇、阮[3]之徒，尤不可一日无此。要之，酣放自肆，托于曲

注释

[1] 孔群：字敬林，会稽山阴（今浙江绍兴）人。东晋名士，官至御史中丞。平生以嗜酒而著称。

[2] 王忱：字元达，晋阳（今山西太原）人。东晋名士，一生嗜酒，常几日大醉不醒。

[3] 刘、殷、嵇、阮：刘，指刘伶，字伯伦，沛国（今江苏沛县）人；殷，指殷融，字洪远，陈郡（今河南东南部及安徽部分地区）人；嵇，指嵇康，字叔夜，谯国铚县（今安徽省濉溪县）人；阮，指阮籍，字嗣宗，陈留尉氏（今河南尉氏）人。四人与山涛、

蘖，以逃世网，未必真得酒中趣尔。古之所谓得全于酒者，正不如此。是知狂药自有妙理，岂特浇其礧魂④者耶？五斗先生⑤弃官而归耕于东皋之野，浪游醉乡，没身不返，以谓结绳之政⑥已薄矣。虽黄帝华胥之游⑦，殆未有以过之。由此观之，酒之境界，岂铺歠⑧者所能与知哉？儒学之士如韩愈者，犹不足以知此，反悲醉乡之徒为不遇。

向秀、王戎皆为晋代名士，因为意气相投，常聚于山阳（今河南修武）竹林之下狂饮，肆意酣畅，世称"竹林七贤"。

④礧魂：指石块，比喻胸中郁结的愁闷或气愤。

⑤五斗先生：指唐初诗人王绩，字无功，号东皋子，绛州龙门（今山西万荣县）人，喜饮酒。

⑥结绳之政：即结绳而治。原意指上古没有文字，用结绳记事的方法来治理天下。后来指社会清平，不用法律治理的美好的政治制度，实际上这只不过是一种空想。

⑦黄帝华胥之游：据《列子》记述，黄帝曾梦游于华胥氏之国，"其国无师长，自然而已；其民无嗜欲，自然而已"。华胥，指华胥氏之国，传说中虚拟的理想国度。

⑧铺歠：指吃酒糟、饮薄酒。铺，吃。歠，同"啜"，饮。

译文

大体上来说，晋代很多人都嗜酒。孔群写信给族人说："今年地里收获了七百斛秫米，这还不够酿酒用的。"王忱说："三天不喝酒，就觉得身体和精神是分离的。"至于刘伶、殷融、嵇康、阮籍等人，更是不能一日无酒。总而言之，他们这些人放纵饮酒，沉湎于醉乡里，都是为了逃避礼教的束缚，未必真的体会到了酒中的趣味。古时所谓因醉酒而使得精神充实的人，就不是这样。因为他们知道酒这狂药自有其精妙之处，不仅仅只是浇洗人们胸中的不平之气。五斗先生王绩之所以弃官归去，耕作于东皋之野，沉醉于酒乡之中，一生都没有重返仕途，是因为他认为上古时代那种自然和谐的政治制度已经远去。在王绩看来，沉醉于酒中的美妙，即便是像黄帝梦游的华胥国也无法比拟。由此可知，酒的境界，不是那些只知纵酒烂醉的人所能领悟的。即使是像韩愈这种儒学之士，也没有完全识得酒的最高境界，反而认为像王绩那样沉游于醉乡的人都是因为怀才不遇。

酒经

古法今观——中国古代科技名著新编

阮籍是魏晋时期"竹林七贤"之一，一生嗜酒纵酒，可以说酒就是他的命。据说，在他母亲去世的时候，他不但脸上一点悲戚也没有，而且旁若无人地大口喝酒吃肉，朋友前来吊唁，他也不回礼，只管自吃自喝。大将军司马昭为拉拢阮籍，想把自己的女儿许配给阮籍的儿子，阮籍没有办法当面回绝，于是为了躲避这件事情，他每天都大醉不省人事，这样足足有六十余日，最终使这件事情不了了之。

阮籍如此醉酒，当然并非他的本意，酒不过是他的忘忧物，是他

竹林七贤图

借以逃避现实和政治迫害的保护伞，可以说是一种自我保护的手段。当时，曹魏政权被司马懿及其儿子司马师、司马昭控制，阮籍在政治上是倾向于曹魏皇室的，所以对司马氏的专权心怀不满，但同时又感到自己无能为力，于是就采取醉酒的态度来躲避这种现实。

古时候，像阮籍这样的人很多，比如唐初诗人王绩，朱肱在《酒经》中就对其酒的境界赞誉有加。其实以现代人的观点看，无论何种原因，阮籍、王绩那种日日纵酒的做法都是对身体的一种极大伤害，时间长了，肝脏脾胃都会受损，从而产生各种疾病。

现代人虽然没有了避世的问题，但很多人却在商业活动、官场交际上不得不面对酒的问题，生意、交际，人们都需要在酒桌上来达成。看来，古往今来，酒都密切影响着人们的生活，但随着时代的进步应将一些饮酒的糟粕丢弃。

原典

大哉，酒之于世也！礼天地，事鬼神，射乡之饮[①]，鹿鸣之歌[②]，宾主百拜[③]，左右秩秩[④]。上自搢绅[⑤]，下逮闾里[⑥]，诗人墨客，渔父樵夫，无一可以缺此。投闲自放[⑦]，攘襟露腹，便然酣卧于江湖[⑧]之上，扶头解酲[⑨]，忽然而醒。虽道术之士，炼阳消阴[⑩]，饥肠如筋，而熟谷之液[⑪]亦不能去。唯胡人禅律[⑫]，以此为戒。嗜者至于濡首[⑬]败性，失理伤生，往往屏爵弃卮[⑭]，焚罍折榼[⑮]，终身不复知其味者，酒复何过耶？

注释

①射乡之饮：指乡射礼和乡饮酒礼，是中国传统的礼仪活动。乡射礼，一种流行于民间的射箭比赛活动；乡饮酒礼，周代乡学，三年学完，其中成绩优异者被推荐给诸侯，成绩优秀者结业的时候，由乡大夫设酒宴以宾礼相待，这被称为乡饮酒礼。乡射礼经常与乡饮酒礼同时举行。

②鹿鸣之歌：古代宴请嘉宾的乐歌，此处指宴请嘉宾。

③宾主百拜：原意指宾主互拜，此处既指一定的饮酒礼仪中复杂的宾主互拜的礼节，也指在日常生活中，宾主之间频繁的互相应酬的社交活动。

④左右秩秩：指贵族宴饮时，左右两边整整齐齐，恭敬而有秩序，显得很有礼貌。

⑤搢绅：旧时官宦的装束，这里借指士大夫。

古代的酒器——爵

⑥闾里：乡里、里巷，这里借指平民。

⑦投闲自放：指因不被重用而自我放纵的人。投闲，置于闲散职位，指不被重用。自放，自我放纵。

⑧江湖：这里是戏指，指的是不管什么地方，随便什么地方。

⑨扶头解酲：指酒醒了之后又饮少量的淡酒用以解酒。扶头，指一种饮酒过多的状态。当饮酒过多时，大脑就会发晕，并微微发痛，所以饮酒者会用手扶头。解酲，醒酒。

⑩炼阳消阴：道家修炼的一种说法，指苦心修炼。

⑪熟谷之液：指酒。

⑫禅律：指禅定和戒律。

⑬濡首：指沉湎于酒而有失本性常态，这里指因饮酒而沾湿头巾，意思是不知节制。

⑭屏爵弃卮：毁坏酒器。屏，同"摒"，除去、毁坏。"爵""卮"，都是古代盛酒器具。

⑮焚罍折榼：也是毁坏酒器之意，指彻底戒酒。"罍""榼"，古代盛酒器具。

译文

酒在这个世上的作用真大啊！人们在祭祀天地、供奉鬼神，以及举行射乡之礼、宴请嘉宾、宾主互拜、群臣聚会的时候，上至达官贵人，下及普通百姓、诗人墨客、渔父樵夫，没有一个人可以缺少酒。那些因为不受重用而自我放纵的人，更是经常喝的袒胸露腹，随时随地都醉入酒乡，沉睡过去，然后再用少量的淡酒来解除酒病，让自己忽然清醒一下。即便是学道之人，修炼得不食五谷，肠子饿得就像牛筋，他们同样也离不开熟谷之液——酒。只有从西域传过来的佛教以及信奉佛教禅律的人，才以酒为戒。那些嗜酒如命的人，因为过度饮酒而失去理智，伤害到了身体，于是就摈弃酒器，烧毁酒具，以致余生都无法知道酒味，但酒本身又有什么过错呢？

酒文化

饮酒作为一种饮食文化，在远古时代就形成了大家必须遵守的礼节。有时这种礼节还非常烦琐。但如果在一些重要的场合下不遵守，就有犯上作乱的嫌疑。又因为饮酒过量，便不能自制，容易生乱，制定饮酒礼节就变得很重要。

我国古代饮酒有以下一些礼节：

主人和宾客一起饮酒时，要相互跪拜。晚辈在长辈面前饮酒，叫侍饮，通常要先行跪拜礼，然后坐入次席。长辈命晚辈饮酒，晚辈才可举杯；长辈酒杯中的酒尚未饮完，晚辈也不能先饮尽。

古代饮酒的礼仪约有四步：拜、祭、啐、卒爵。就是先做出拜的动作，表示敬意；接着在地上倒一点儿酒，祭谢大地生养之德；然后尝尝酒味，并加以赞扬令主人高兴；最后仰杯而尽。

在酒宴上，主人要向客人敬酒（叫酬），客人要回敬主人（叫酢），敬酒时还要说上几句敬酒辞。客人之间相互也可敬酒（叫旅酬）。有时还要依次向人敬酒（叫行酒）。敬酒时，敬酒的人和被敬酒的人都要"避席"，起立。普通敬酒以三杯为度。

在中国民间有一句俗语：酒品如人品。在社会交往活动中，能够饮酒者却不断找托词不喝酒，通常会被同桌的朋友视为酒品不好，并由此判断此人人品不好，由此为以后的交往留下些许障碍。

原典

平居无事，污尊斗酒①，发狂荡之思，助江山之兴②，亦未足以知曲蘖之力、稻米之功。至于流离放逐，秋声暮雨，朝登糟丘，暮游曲封③，御魑魅于烟岚，转炎荒为净土。酒之功力，其近于道耶？与酒游者，死生惊惧交于前而不知，其视穷泰违顺，特戏事尔。彼饥饿其身，焦劳其思④，牛衣发儿女之感⑤，泽畔有可怜之色⑥，又乌足以议此哉！鸱夷丈人⑦以酒为名，含垢受侮，与世浮沉⑧。而彼骚人高自标持⑨，分别黑白，且不足以全身远害，犹以为惟我独醒。

译文

平日生活里悠闲无事时，可以随意畅饮，激发一下放荡不羁的思绪，助长一下游览的兴致，但这并不能完全显示酒的功效。只有被流离放逐时，

范蠡像

注释

① 污尊斗酒：本意指掘地为坑当酒尊，以手捧酒而饮，此处指随意畅饮。污，本指小池塘，此处指挖掘。尊，酒器。

② 助江山之兴：助长指点江山的兴致。江山，国家的疆土、国家政权。

③ 朝登糟丘，暮游曲封：指整天沉湎于酒中。糟丘，积糟成丘。曲封，积曲成封。糟丘、曲封，都是指酿酒很多，沉湎于酒中非常严重。

④ 彼饥饿其身，焦劳其思：指为飞黄腾达而苦心修养的人。

⑤ 牛衣发儿女之感：指因家境贫困而伤心落泪。

⑥ 泽畔有可怜之色：此处指屈原被贬官。泽畔，贬官失意之人。

⑦ 鸱夷丈人：指春秋时期越国大夫范蠡。范蠡，字少伯，楚国宛（今河南南阳）人，曾协助越王勾践灭吴，后来认为勾践为人"可与共患难，难以同欢乐"，于是弃官而去，与西施周游齐国，自号鸱夷子皮。

⑧ 与世浮沉：随大流，即别人怎么样，自己也怎么样。

⑨ 骚人高自标持：骚人，本指屈原，此处泛指忧愁失意的文士、诗人。高自标持，比喻自己把自己看得很了不起。

在秋声暮雨里，从早到晚沉湎于酒乡里，以此增强抵御妖魔鬼怪的勇气，提升将蛮荒之地转化为圣洁净土的精神，这时酒的功效，岂不接近于"道"的功用了！与酒相伴的人，会淡然地看待人生，他们将人生的顺境与逆境，都只是看作一场戏而已。而那些为了飞黄腾达而忍饥挨饿、焦劳其思的人，因为家境贫困而悲叹的人，因为被贬官职而露出可怜神色的人，又哪里有资格议论酒的趣味呢！那位鸱夷丈人范蠡，一生以酒为命，能够忍受耻辱，与世沉浮。而那些文人骚客，自恃高人一等，能够明辨黑白，却不能保全自身、远离祸患，还自认为唯我独醒呢！

"鸱夷丈人"和"以酒为名"

　　《酒经》上卷"总论"中说："鸱夷丈人，以酒为名，含垢受侮，与世浮沉。"鸱夷丈人，指的是春秋时期的越国大夫范蠡。《史记·越王勾践世家》说："范蠡浮海出齐，变姓名，自谓鸱夷子皮。"但这里说范蠡"以酒为名"是错误的。范蠡并不嗜酒，有"以酒为名"之称的是晋代的刘伶，《世说新语·任诞》记载："刘伶病酒，渴甚，从妇求酒。妇捐酒毁器，涕泣谏曰：'君饮太过，非摄生之道，必宜断之！'伶曰：'甚善。我不能自禁，唯当祝鬼神自誓断之耳！便可具酒肉。'妇曰：'敬闻名。'供酒肉于神前，请伶祝示。伶跪而祝曰：'天生刘伶，以酒为名，一饮一斛，五斗解酲。妇人之言，慎不可听！'便引酒进肉，隗然已醉矣。"但朱肱之所以将"以酒为名"放在范蠡身上，也可能是为了拔高酒的作用，说明酒也可以让人韬晦。

刘伶欲醉图

原典

　　善乎！酒之移人 ① 也。惨舒阴阳 ②，平治险阻。刚愎者熏然而慈仁 ③，懦弱者感慨而激烈。陵轹王公，绐玩 ④ 妻妾，滑稽不穷，斟酌自如。识量之高，风味之嫩，足以还浇薄而发猥琐 ⑤。岂特此哉？"夙夜在公" ⑥（《有駜》），

"岂乐饮酒"⑦（《鱼藻》），"酌以大斗"⑧（《行苇》），"不醉无归"⑨（《湛露》），君臣相遇，播于声诗⑩，未足以语太平之盛。至于黎民休息，日用饮食，祝史无求⑪，"神具醉止"，斯可谓至德之世矣。然则伯伦之颂德⑫，乐天之论功⑬，盖未必有以形容之。夫其道深远，非冥搜不足以发其义；其术精微，非三昧不足以善其事。

译文

好啊，酒能改变人的精神状态！它既能让人的心情从忧愁转为舒畅，也能让人鼓足勇气跨越险阻。刚愎自用的人喝了酒会变得温和慈仁，懦弱的人喝了酒会变得慷慨。酒能使人敢于藐视王公，善于戏弄妻妾，虽然举止滑稽幽默，但斟酌时却依旧悠然自如。识见之高超，风味之微妙，足以使人重返淳厚风气、去掉庸俗低下的行为举止。酒的功用又何止这些呢！《诗经》说："夙夜在公""岂乐饮酒""酌以大斗""不醉无归"。君臣一起饮酒的欢乐自在，通过乐歌获得了传播，但这些还不足以表明到了太平盛世。只有黎民百姓休养生息，他们的日用饮食无所匮乏，祭祀之官无事可做，甚至连神灵也每日沉湎于醉乡

注释

① 移人：使人的本性或精神状态等发生改变。

② 惨舒阴阳：刘勰《文心雕龙》里说，"春秋代序，阴阳惨舒；物色之动，心亦摇焉"。意思是：四季更替，阴阳盛衰；四季的景物不断变化，人的心情也会随着变化。所以，这里"惨舒阴阳"意为"惨阴舒阳"，指人的心情由忧愁转化为愉快。

③ 熏然而慈仁：指温和而又慈仁。《庄子·天下》中说："熏然慈仁，谓之君子。"

④ 绐玩：戏弄的意思。绐，哄骗。一本作"给"，但意思不通。

⑤ 还浇薄而发猥琐：止息浮薄的社会风气，去掉庸俗低下的行为举止。还，止息、罢息。发，通"拨"，排除、断绝的意思。

⑥ "夙夜在公"：夙夜，早晚。公，本指官府，这里指庙堂。

⑦ "岂乐饮酒"：出自《鱼藻》，《鱼藻》是《诗·小雅》的篇名，写的是周王在镐京逍遥饮酒。岂乐，欢乐。

⑧ "酌以大斗"：出自《行苇》，《行苇》是《诗·大雅》的篇名，写的是周先代举行的家族宴会，歌颂了周先代睦亲敬老、仁及草木的品德。

⑨ "不醉无归"：出自《湛露》，《湛露》是《诗·小雅》的篇名，写的是周代贵族在举行宴会时尽情饮乐、互相赞扬的情景。

⑩ 播于声诗：指歌功颂德。声诗，乐歌。

⑪ 祝史无求：指百姓丰衣足食，祭祀官无须求告神灵。祝史，古代司祭祀之官。

⑫ 伯伦之颂德：刘伶，字伯伦，西晋

之中，这样才可以说达到最高精神境界了。酒能达到这种功效，即便是刘伶的《酒德颂》、白居易的《酒功赞》，大概也不能完全形容出来。酒的奥秘太深远了，不深入探索是无法发掘出其深刻意义的；酿酒的技术太精微了，如果不懂得它的诀窍，就无法将酒酿好。

沛国（今安徽淮北）人，"竹林七贤"之一，平生嗜酒，著有《酒德颂》。

⑬乐天之论功：白居易，字乐天，自号醉吟先生，唐代著名诗人，好酒，著有《酒功赞》。

古今"酒德"之理解

"酒德"两个字最早出现于《尚书》和《诗经》里面，我们今天对这个词的理解是，饮酒者应有德行，不能纵酒狂饮。没有节制，容易做出诸如酒后乱性、酒后无礼等缺少道德的事情，而应做到"饮"有格，"酒"有品，"人"有量，"醉"有度，这样才是一个有酒德的人。

但古人对此却有不同的解释，认为"酒德"就是达到忘物忘我的、与自然融为一体的醉酒状态。这种状态下，不会有酒后失态、酒后失礼的事情发生，醉酒者完全处于高度凝神的境界，内心不会受其他事情激扰，忘记名利、忘记欲望，甚至忘记自我。唐代诗人王绩在《五斗先生传》一文中自称"以酒德游于人间"。朱肱、刘伶、白居易等名家都持这种态度，为此刘伶还写了《酒德颂》，白居易则写有《酒功赞》，而最早提出这种观点的则是庄子。可见，古今"酒德"的含义是有很大区别的。

月下把杯图

原典

　　昔唐逸人追述焦革酒法①，立祠配享②，又采自古以来善酒者以为《谱》。虽其书脱、略卑陋，闻者垂涎，酣适之士口诵而心醉，非酒之董狐③，其孰能为之哉？

　　昔人有斋中酒、厅事酒、猥酒④，虽均以曲糵为之，而有圣有贤⑤，清浊不同。《周官·酒正⑥》："以式法授酒材⑦"，"辨五齐之名⑧"，"三酒之物⑨"，岁终"以酒式⑩诛赏"。《月令》："乃命大酋，秫稻必齐⑪，曲糵必时⑫，湛炽必洁⑬，水泉必香⑭，陶器必良⑮，火齐必得⑯。"六者尽善，更得醴浆⑰，则酒人之事过半矣。《周官·浆人⑱》："掌共王之六饮：水、浆、醴、凉、医、酏，入于酒府。"而浆最为先。

古人酿酒图

注释

　　① 唐逸人追述焦革酒法：唐逸人，指王绩。焦革，唐朝人，贞观初为太乐署史，善于酿酒。王绩在《自撰墓志铭》中说："有唐逸人，太原王绩。若顽若愈，似骄似激。"王绩非常重视酿酒，所以焦革死后，他追述焦革的酿酒法，写成了《酒经》；后来又收集杜康等人的酿酒经验，写成了《酒谱》。但可惜的是，王绩的《酒经》和《酒谱》现在都已散佚。

译文

　　从前唐初的逸人王绩追述焦革的酿酒方法而写成了《酒经》，并且为杜康立祠，让焦革配享香火；后来又采集自古以来善于酿酒者的经验写成了《酒谱》。虽然《酒谱》一书脱劣简陋，但人们看了此书后都垂涎三尺，酣适饮酒的人更是口里念着、心里想着就陶醉了。如果不是专门研究

② 立祠配享：指王绩为杜康建造祠堂，把焦革也供奉于其中，配享香火。吕才在《东皋子集序》中说，王绩在隐居河津时，"河渚东南隅有连沙磐石，地颇显敞，君于其侧遂为杜康立庙，刚时致祭，以焦革配焉"。

③ 酒之董狐：专门收集酿酒方法的人。董狐，春秋时晋国曲沃人，世袭太史之职。他秉性耿直，以讲真话而著名。后世将专门记载某事的人称为某董狐，如称专门为鬼作传记的人为鬼董狐。

④ 斋中酒、厅事酒、猥酒：在古代，齐同"斋"；厅，古作"听"，"听"即厅，所以这三种酒也写作齐中酒、厅事酒、猥酒。这是古时候官府酿造的品质不同的三种酒的名称。宋代窦苹《酒谱》："晋时荆州公厨有斋中酒、听事酒、猥酒，优劣三品。刘弘作牧，始命合为一，不必分别，人伏其平。"

⑤ 有圣有贤：有优有劣。汉末曹操下令禁酒，饮酒者忌讳说酒，把清酒称为圣人，浊酒称为贤人。自此，清圣浊贤便成为酒的雅称，饮酒而醉称为中圣人，或称中圣。事见窦苹《酒谱》。

⑥ 酒正：周代官名，掌管酒事。

⑦ 以式法授酒材：意思是酒正按照规章制度发放酿酒材料。式法，规章制度。

⑧ 辨五齐之名：意思是辨别五齐、三酒的名称和种类。《周礼·天官·酒正》："辨五齐之名：一曰泛齐，二曰醴齐，三曰盎齐，四曰醍齐，五曰沉齐。"五齐，酒的名称。

⑨ 三酒之物：《周礼·天官·酒正》里说，"辨三酒之物：一曰事酒，二曰昔酒，三曰清酒。"三酒，酒的名称。

⑩ 酒式：指酿酒规范。

⑪ 秫稻必齐：必须准备好酿酒原料秫稻米。

⑫ 曲蘖必时：必须选好制曲的日子。

酿酒方法的人，又哪能写得出来呢？

以前人们对酒有斋中酒、听事酒、猥酒的区分，虽然这些酒都是用曲蘖酿造而成，但也有优劣的区分，因为它们的清浊度不同。《周礼·天官》说：掌酒的官员要按照规章制度发放酿酒材料，以分辨五齐的名称、三酒的种类，年终还要按照酿酒的规范奖优责劣。《礼记·月令》说："命令大酋在酿酒时，必须准备好酿酒的原料秫稻米，必须选好制曲的日子，浸泡和蒸煮用的原料必须清洁，酿酒用的水必须品质优良，酿酒用的陶器必须精良，必须掌握好酿酒的火候。"如果能将这六件事都做好，再得到酒浆，那么酿酒者的工作就完成了大半。《周礼·天官》说："浆人掌管供应王室的六种饮料：水、浆、醴、凉、医、酏，入藏于酒府"，其中以浆为最重要的。

⑬ 湛炽必洁：浸泡和蒸煮用的原料必须清洁。

⑭ 水泉必香：酿酒用的水必须品质优良。

⑮ 陶器必良：酿酒用的陶器必须精良。

⑯ 火齐必得：必须掌握好酿酒的火候。

⑰ 醯浆：指酸浆。醯，《说文解字》解释为"酸也"。

⑱ 浆人：周代官名。

古代的"五齐""三酒"和"六必"

"五齐"和"三酒"都是酒的名称。《周礼》将酒分为"五齐三酒"，"五齐"指的是未经过滤的五种薄酒，即"泛齐""醴齐""盎齐""醍齐"和"沉齐"五种酒。同时，"五齐"也指酿酒时，发酵过程中的五个阶段。而现代科技根据古代酿造黄酒的原理和操作过程，认为其正确的发酵顺序应为泛齐、盎齐、醍齐、醴齐和沉齐，因为这样才符合从原料到制作成酒的客观规律。

"三酒"指三种过滤去糟的酒，分别为事酒、昔酒和清酒。事酒指临事而造的酒，昔酒指冬酿夏熟的酒，清酒指酿造时间长于昔酒的酒。这表明了古代不同的环境下酒的功能也不同。

"六必"是酿酒需要遵循的六条原则，即必须准备好酿酒用的谷物，必须选好制作酒曲的日子，浸泡和蒸煮用的原料必须清洁，酿酒用的水必须优良，酿酒用的陶器必须精良，必须掌握好酿酒的火候。

"五齐""三酒""六必"的出现，表明早在三千多年前的商周时代，古人就已掌握了各种酒的酿造技术，并有一套严格、完整的章程，这对我国酿酒技术的持续进步有着重大意义，同时对于酒产业、酒文化的发展产生了极大的促进作用。

原典

古语有之："空桑秽饭，酝以稷麦，以成醇醪，酒之始也①。"《说文》："酒白谓之醙②"。醙者，坏饭也；醙者，老也。饭老即坏，饭不坏则酒不甜。又曰：乌梅女麹，甜醯③九酘，澄清百品④，酒之

注释

① 空桑秽饭，酝以稷麦，以成醇醪，酒之始也：说的是人类最初的酿酒工艺。空桑，指空心桑树。秽饭，本意指坏饭，这里指最原始的酒曲。稷麦，指酿酒谷物。醇醪，指汁渣混合的酒。

② 醙：白酒。

③ 甜醯：甜酒。

④ 百品：指各种酒。

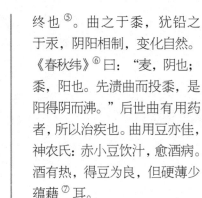
终也⑤。曲之于黍，犹铅之于汞，阴阳相制，变化自然。《春秋纬》⑥曰："麦，阴也；黍，阳也。先渍曲而投黍，是阳得阴而沸。"后世曲有用药者，所以治疾也。曲用豆亦佳，神农氏：赤小豆饮汁，愈酒病。酒有热，得豆为良，但硬薄少蕴藉⑦耳。

古者玄酒在室，醴酒⑧在户，醍酒⑨在堂，澄酒⑩在下。而酒以醇厚为上，饮家⑪须察黍性陈新，天气冷暖。春夏及黍性新软，则先汤而后米，酒人谓之"倒汤"；秋冬及黍性陈硬，则先米而后汤，酒人谓之"正汤"。酝酿须酴米偷酸，投醹偷甜⑫。淛人⑬不善偷酸，所以酒熟入灰⑭；北人不善偷甜，所以饮多令人膈上懊憹。桓公所谓"青州从事""平原督邮"⑮者，此也。

⑤ 酒之终也：指酿酒工艺完整了、成熟了。

⑥《春秋纬》：古代一种纬书。纬书是汉代附和儒家经义的一类书，主要宣扬神学迷信，但也记述了一些天文、历法等方面的知识。

⑦ 蕴藉：含蓄而不显露。

⑧ 醴酒：甜酒。

⑨ 醍酒：浅红色的清酒。

⑩ 澄酒：一种清酒。

⑪ 饮家：指酿酒者。

⑫ 投醹偷甜：醹，指投入酴米或发酵醪中的"甜糜"，即糊状的甜米饭。投醹是为了造酒，但酒不可以是甜的，这时就需尽量将糖全部转化为酒，所以称为"偷甜"。

⑬ 淛人：浙人。"淛"同"浙"。

⑭ 酒熟入灰：酒熟后加入石灰。在酒中加入石灰是为了中和酸度，改善酒的品质。

⑮ 桓公所谓"青州从事""平原督邮"：桓公，指桓温，东晋权臣、名将。青州从事，美酒的代称。平原督邮，劣酒的代称。

译文

古语说："空桑树里倒有坏饭，再将坏饭与稷麦混合在一起酝酿，就制成了酒，人类的酿酒就是这样开始的。"《说文解字》里说："酒白称为酨。"酨，就是放坏的饭；酨，又有老和陈旧的含义。饭放久了就会变坏，饭如果不变坏，酒就不甜。古语又说："以乌梅、女麹为曲制作味道醇厚的酒，需要多酿，分九次投入甜醹，最后再经过多次澄清，如此酒就酿成了。"酒曲对于黍米来说，就像铅对于汞，阴阳相制，很自然地就会发生变化。《春秋纬》里说："麦，属于阴性；黍，属于阳性。先浸泡曲后再投入黍，这样阴阳相得就会相互融合。"后世制作酒曲有用药材的，这样的曲是用来治病的。酒曲用豆子制作也很好，神农氏就曾经说过，饮赤小豆汁可以医治酒病。酒的属性为热，加入豆子后其热的属性就会减轻，但用这样的曲造出来的酒，其味道会变得硬薄，缺少回味。

古代祭祀，味薄的醴酒放在室门边，味道稍微厚些的醍酒放在堂上，味道最为醇厚的澄酒放在堂下。酒以味道醇厚为上品，酿酒时需要了解黍米是新的还是陈旧的，天气冷暖如何。如果春夏时节酿酒，并且使用新鲜柔软的黍米，那么就应先把浆倒入瓮中再投米，酿酒的人称之为"倒汤"。如果秋冬时节酿酒，并且使用陈旧的黍米为原料，那么就应先将米投入瓮中，再倒入浆水，酿酒的人称之为"正汤"。酿酒时加入酴米是为了"取酸"，一酿再酿是为了"偷甜"。南方人不善于取酸，所以酒成熟后要加入石灰。北方人不善于偷甜，所以酿造出来的酒，喝多了会让人感觉胸中憋闷。当年桓温所说的"青州从事""平原督邮"，分别指的就是这两类酒。

醴酒和澄酒

"醴酒"是一种甜酒，可以说是古代的啤酒，"澄酒"则是一种清酒。现在人们普遍认为中国自古以来就没有啤酒，而清酒也是起源于日本。事实上，这种看法是不正确的。

在中国古代，酿酒主要有两种方法：一种是用"曲"，一种是用"蘖"。用曲酿的酒一般含酒精度比较高，发展到现在也就是我们所说的黄酒。用"蘖"酿的酒一般含酒精度比较低，一般也就在 4% 左右，古人称这种低度数的酒为"醴"。"醴酒"是用谷芽酿造的，现代啤酒则是利用谷物发芽时产生的酶将原料本身糖化成糖分，然后再用酵母菌将糖分转变成酒精的。由于两者皆为谷物发芽酿造，所以从这个意义上说，"醴酒"就是中国古代的啤酒。只是"醴酒"味道过于清淡，随着时代的变迁，这种用谷芽酿造的

古代制酒图

"醴酒"就消失了。20 世纪初啤酒被引入中国后，中国的啤酒工业得到了迅猛发展，现在已成为世界第一啤酒生产大国。

"清酒"一词早在三千多年前的中国古代文献《周礼》中就有记载："辩三酒之物，一曰事酒，二曰昔酒，三曰清酒。"朱肱则在《酒经》中称为"澄酒"，虽然称呼不同，但根据二者的酿造工艺应该都属于清酒，后来大约在公元 400 年，中国的清酒酿造技术经江浙地区传入日本，经过日本的改良，成为了日本国酒。

原典

酒甘易酿，味辛难酤。《释名》："酒者，酉也。"酉者，阴中①也。酉用事而为收。收者，甘也。卯用事而为散。散者，辛也。酒之名，以甘辛为义。金木间隔，以土为媒。自酸之甘，自甘之辛，而酒成焉。酴米所以要酸，酘醅所以要甜。所谓以土之甘，合木作酸②；以木之酸，合水作辛③，然后知酘者所以作辛也④。

《说文》："酘者，再酿也。"张华有"九酝酒"⑤，《齐民要术⑥·桑落酒》："有六、七酘者。"酒以酘多为善，要在曲力相及。醲酒所以有韵者，亦以其再酘故也。过度亦多术，尤忌见日，若太阳出，即酒多不中。后魏贾思勰亦以夜半蒸炊，昧旦⑦下酿，所谓以阴制阳，其义如此。著水无多少，拌和黍麦，以匀为度。张籍诗"酿酒爱朝和"⑧，即今人"不入定酒"也，晋人谓之"干榨酒"。大抵用水随其汤黍之大小斟酌之⑨。若酘多，水宽亦不妨。要之，米力胜于曲，曲力胜于水，即善矣。

注释

① 阴中：《汉书·律历志》："春为阳中，万物以生；秋为阴中，万物以成。"所以，阴中，指秋季。

② 以土之甘，合木作酸：用五行属土的谷物，与木酸配合，可以制出酸味的物质。这是指用谷物制造酸浆、酸米的过程。

③ 以木之酸，合水作辛：用五行属木的醋糜或酴米，与五行属水的甜糜配合，可以制出辛味的酒。

④ 然后知酘者所以作辛也：然后知道酘醅是用来作辛的。酘者，投甜糜。所以，用来。

⑤ 张华有"九酝酒"：张华，字茂先，西晋著名诗人。宋代窦苹《酒谱·神异八》："张华有九酝酒，每醉，必令人传止之。尝有故人来，与共饮，忘饬左右。至明，华寤，视之，腹已穿，酒流床下。"九酝酒，一种美酒的名字。

⑥《齐民要术》：作者贾思勰，北魏益都（今山东寿光西南）人，著名的农学家。

⑦ 昧旦：清晨，天要亮又未全亮之时。

⑧张籍诗"酿酒爱朝和"：张籍，字文昌，和州乌江（今安徽和县乌江镇）人，唐代著名诗人。酿酒爱朝和，张籍《和左司元郎中秋居十首》其二："学书求墨迹，酿酒爱朝和。"朝和，酿酒时不加水的酿酒工艺。

⑨大抵用水随其汤黍之大小斟酌之：意思是大都随烫米多少而斟酌用酸浆水。大抵，大都、大多、多半。水，酸浆。汤，通"烫"。黍，指米饭。大小，多少。

译文

酿酒时，甘味容易酿出，辛味却很难。《释名》说："酒者，酉也。"酉，是指农历的八月。这个时候酿酒可以使酒性收敛。能收敛，酒的味道就甘甜。卯时酿酒，可以令酒性发散。能发散，酒的味道就辛辣。所以酒的要义，就是如何让甘转化为辛。五行中，金辛和木甘是间隔开来的，它们是相克而不相生的，但由于木酸可以生土甘，土甘又可以生金辛，所以以土为媒介，从酸到甘，再从甘到辛，如此酒就酿成了。这就是酴米取酸、投醹取甜的道理。所以用五行属土的谷物，与木酸配合，就可以制出酸味的物质；用五行属木的酴米，与五行属水的甜糜配合，就可以制出辛味的酒。然后便可以知道投醹是用来作辛的。

《说文解字》说："酘者，再酿也。"西晋的张华有美酒叫"九酘酒"，《齐民要术·桑落酒》中说："桑落酒再酿的次数有六七次。"酒以酿的次数多为好，重要的是曲力要跟得上。醸酒之所以口味比较柔和，就是因为再酿次数多的缘故。但重酿也是有讲究的，特别是不能见太阳，如果太阳出来再重造，酒很难酿制成功。后魏的贾思勰也主张在半夜的时候蒸饭，早上将要天亮的时候下酿，所谓以阴制阳，其道理就是如此。酿酒时不管加多少水，都应以拌和黍麦至均匀为标准。唐人张籍有诗："酿酒爱朝和"，所谓"朝和"就是现在人们所说的"不入定酒"，晋人叫作"干榨酒"。一般来说，酿酒用水要根据汤黍的多少来斟酌，如果再酿的次数多，多加点水也没有关系。总而言之，米力应大于曲力，曲力应大于水力，这样就能酿制出好酒。

九酘酒和古井贡酒

宋代窦苹在《酒谱·神异八》中说道："张华有九酘酒，每醉，必令人传止之。"那么"九酘酒"究竟是什么酒？其实就是"九酘春酒"，"九酘"即"九股"，指的是分九次将酒饭投入曲液中。朱肱说"酒以酘多为善"，随着不断投料，酒的味道会越来越好。《抱朴子·内篇·金丹》说："一酘之酒，不可以方九酝之醇耳"，意思是一次酿成的酒，是不能和九次酿成的酒的品质相比的，所以说"九酝酒"的味道是非常好的。"九酝酒"又叫"九酝春酒"，是因为其是在春季酿的酒。

东汉建安年间，曹操曾将其家乡亳州产的"九酝春酒"和酿造方法晋献给汉献帝刘协，刘协饮后大加赞赏，于是"九酝春酒"从此成为宫廷贡酒。后来随着时间的推移，到今天"九酝酒"已演变为"古井贡酒"。只是两者在工艺上已有很大变化，"九酝酒"是发酵酒，而"古井贡酒"则是蒸馏酒。但尽管如此，正是因为亳州在古代就能生产出"九酝酒"这样的美酒，才给后代留下了先进的酿酒技术，也才会出现今天的名酒——古井贡酒。

古井贡酒

原典

北人不用酵^①，只用刷案水，谓之"信水"。然"信水"非酵也，酒人以此体候^②冷暖尔。凡酝不用酵即酒难发，酘来迟则脚不正^③。只用正发酒醅最良^④。不然，则掉取醅面，绞令稍干，和以曲蘖，挂于衡茅^⑤，谓之"干酵"。用酵四时不同，寒即多用，温即减之。酒人冬月用酵紧，

注释

① 酵：即酵母，能使有机物发酵的霉菌。但古时的酵不纯，与现代的纯种酵母有别。

② 体候：体察、观测。

③ 酘来迟则脚不正：酘发得不好则脚饭不纯正。酘来迟，酘发得缓慢。脚，指脚饭，即酴米、酒母。

④ 只用正发酒醅最良：用正发的酒醅最好。

用曲少；夏月用曲多，用酵缓。

天气极热，置瓮于深屋；冬月温室，多用毡毯围绕之。《语林》⑥云："抱瓮冬醪"，言冬月酿酒，令人抱瓮，速成而味好。大抵冬月盖覆，即阳气在内，而酒不冻；夏月闭藏，即阴气在内，而酒不动。非深得卯酉出入之义⑦，孰能知此哉？

于戏⑧！酒之梗概⑨，曲尽⑩于此。若夫心手之用，不传文字⑪，固有父子一法而气味不同，一手自酿而色泽殊绝⑫，此虽酒人亦不能自知也。

⑤ 衡茅：指简陋的居室。

⑥《语林》：指《裴子语林》，东晋裴启撰，十卷。主要记述汉魏两晋时期的帝王将相、达官贵人、文人雅士的逸闻轶事。

⑦ 卯酉出入之义：指把握时节，适时酿酒。卯酉出入，指阴阳变化。

⑧ 于戏：呜呼，感叹词。

⑨ 梗概：大概的内容。

⑩ 曲尽：曲折详尽。

⑪ 心手之用，不传文字：心手相传，不传文字。

⑫ 殊绝：完全不同。

传统的酿酒工具

译文

北方人酿酒不用酵，只用刷案水，并称其为"信水"。但信水并不是酵，酿酒的人是用它来探试温度情况的。酿酒如果不用酵醅，就很难发起来，酵发得迟则酒曲不纯正。用正发酒醅代替酵是最好的。不然，就取出醅面，绞去水分使其稍微变得干一些，和上曲糵，然后挂到茅屋的横梁上将其阴干，这叫作"干酵"。酿酒用酵，应根据四季的变化而更改用量，寒冷的时候多用些，温暖的时候少用些。冬天酿酒用酵急，用曲少。夏天酿酒用曲多，用酵慢。

天气炎热时，应当将酒瓮放到深屋阴凉的地方。冬天寒冷时，就应放到温暖的屋子里，并且要多用几条毡毯围裹住酒瓮。《语林》说："抱瓮冬醪"，说的就是冬天酿酒要让人抱住瓮，这样酒既酿得快，味道也好。总的来说，冬天要盖住瓮，这样就会保住瓮里的阳气，使酒不受冻。夏天将瓮掩起来，就会保住瓮里的阴气，使酒不变质。若不能深刻领会阴阳相变的原理，谁又知道酿酒的这些奥秘呢？

呜呼！关于酒的大概情况，我已经详尽地写在这里了。对于酿酒的技法，本是心手相传，难以用文字表达清楚的，因为即便是父和子用同一种方法酿酒，其味道也不相同，就算是同一人酿出来的酒，每次的色泽也大不一样。这其中的奥妙，就连精于酿酒的人也不能完全了解啊！

南北方酿造黄酒之区别

《酒经》讲述了黄酒的酿造方法，其中说北方人酿造黄酒不用酵母，南方则是必用酵母。其实，南北方在酿造黄酒时不仅有这种区别，而且在原料和酿造工艺上都是不同的。在历史上，北方酿造黄酒的原料为粟和黍，也就是今天的小米和黄米，其中以黄米为佳；南方则普遍用稻米，包括大米和糯米，其中以糯米为最佳。

而在酿造工艺上，北方传统的酿造方法是，在大锅中不断熬煮小米或黄米，这样经过反复熬煮，其水分会慢慢被蒸发掉，颜色变得越来越深，最后焦而不糊，而这种颜色在之后的发酵过程中会起到上色作用，所以北方的黄酒颜色是天然而成。而南方在酿造黄酒时，由于糯米是白色的，所以在色泽方面具有天然的缺陷，这就产生了糊化工艺，即先将糯米高温糊化，再经过蒸锅蒸制原料，这样就可以达到上色的效果。但现代的黄酒生产普遍采用的是蒸锅处理原料，在后期发酵过程中加入焦糖色来调剂颜色，所以不管南方还是北方，酿造黄酒时，焦糖调色是必不可少，这就在一定程度上失去了黄酒的传统意义。

黄 酒

此外，现在的原料也更加多样化，除了以上几种，还有粳米、籼米、黑米、高粱、荞麦、小麦、薯干和青稞等。

一

中卷

总　论

原典

顿递祠祭曲、香泉曲、香桂曲、杏仁曲，以上罨曲①。

瑶泉曲、金波曲、滑台曲、豆花曲、以上风曲②。

玉友曲、白醪曲、小酒曲、真一曲、莲子曲，以上醹曲③。

译文

顿递祠祭曲、香泉曲、香桂曲、杏仁曲，以上为罨曲。

瑶泉曲、金波曲、滑台曲、豆花曲，以上为风曲。

玉友曲、白醪曲、小酒曲、真一曲、莲子曲，以上为醹曲。

注释

① 罨曲：曲类名，指在作曲过程的某一阶段须用麦麸等掩盖曲饼，以便让微生物繁殖。罨，掩盖。

② 风曲：曲类名，指在作曲过程中要将曲饼置于当风处吹晾。

③ 醹曲：曲类名，指在制曲过程中兼用罨、风两种曲制法的曲，一般是先掩盖，后当风吹晾。

酒曲的分类

《酒经》将酒曲分为三大类，即罨曲、风曲和醹曲。罨曲包括顿递祠祭曲、香泉曲、香桂曲、杏仁曲四种。风曲包括瑶泉曲、金波曲、滑台曲、豆花曲四种。醹曲包括玉友曲、白醪曲、小酒曲、真一曲、莲子曲五种。加起来一共是十三种。而现代大致将酒分为五大类，分别用于不同的酒：麦曲，主要用于黄酒的酿造；小曲，主要用于黄酒和小曲白酒的酿造；红曲，主要用于红曲酒的酿造，红曲酒也是黄酒的一个品种；大曲，用于蒸馏酒的酿造；麸曲，这是现代才发展起来的，是用纯种霉菌接种以麸皮为原料的培养物，是中国白酒生产的主要操作法之一。

酒　曲

原典

凡法曲①，于六月三伏中踏造②。先造峭汁③，每瓮用甜水三石五斗，苍耳一百斤④，蛇麻、辣蓼⑤各二十斤，剉碎，烂捣，入瓮内，同煎五、七日，天阴至十日。用盆盖覆，每日用杷子搅两次，滤去滓，以和面。此法本为造曲多处设，要之，不若取自然汁为佳。若只造三、五百斤面，取上三物烂捣，入井花水⑥，裂取⑦自然汁，则酒味辛辣。

内法⑧酒库杏仁曲，止是用杏仁研取汁，即酒味醇甜。曲用香药，大抵辛香发散而已。每片可重一斤四两，干时可得一斤。直须实踏，若虚则不中。

注释

① 法曲：按照一定法式制作的酒曲。

② 踏造：指造曲时，需要将和好的曲料放在曲模中，然后用脚踏实。

③ 峭汁：指一种特殊的汤液。

④ 斤：古人用市斤，一斤合十六两。

⑤ 蛇麻、辣蓼：蛇麻，又称蛇麻草、啤酒花，草本植物，是酿酒的重要原料。辣蓼，又名水蓼、泽蓼，含有丰富的酵母及根霉生长素。

⑥ 井花水：清晨初汲的井水。

⑦ 裂取：相当于今天的"浸取"。

⑧ 内法："内法酒"是指宫廷御酒，所以此处的"内法"就是指造宫廷御酒的方法。

译文

一般来说，曲饼要在农历六月三伏里踩踏制造。首先制造"峭汁"，每瓮用甜水三石五斗，苍耳一百斤，蛇麻、辣蓼各二十斤，剁碎后再捣烂，然后倒在瓮中，煎五到七天，如果遇到阴天，则需要煎十天。煎的时候用盆盖住瓮口，每天用木棍搅拌两次，最后滤去渣滓，用以和面。这种方法本来是为了多方造曲而设计的，要而言之，不如用自然汁为佳。如果只造三、五百斤面的曲，可以取上面的三种草药捣烂，然后向里面加入清晨初汲的井水浸取自然汁，这样就会让酒产生辛辣之味。

御酒库中的杏仁曲，只是研磨杏仁取汁，以使酒味醇甜。曲用香药制作，大抵上是为了使其辛香发散而已。每片曲饼可重达一斤四两，晾干后可以得到一斤。曲饼需踏压结实，如果不实就无法做成功。

酿酒所用之水有讲究

水是酿酒最重要的原料之一。佳泉出美酒，古代酿酒就已经非常讲究水质，《酒经》

认为应用"井花水""取自然汁"。"井花水"指清晨从井里第一次汲出来的水，因为这时候的井水纯净无污染，更利于霉菌的生长和保证酒曲的纯正。而现代名酒也多是选用佳泉或优质水源，比如闻名全国的茅台酒，其选用的是赤水河畔的赤水泉水，绍兴黄酒用的是鉴湖水，等等，即便酒厂没有挨着优质水源，也选用的是未受污染、温度适宜的洁净水。

井　水

泉　水

原典

造曲水多则糖心[1]，水脉不匀则心内青黑色；伤热则心红，伤冷则发不透而体重[2]。惟是体轻[3]，心内黄白，或上面有花衣，乃是好曲。

自踏造日为始，约一月余日出场子，且于当风处井栏垛起，更候十余日打开，心内无湿处，方于日中曝干。候冷，乃收之。收曲要高燥处，不得近地气及阴润屋舍，盛贮仍防虫鼠秽污，四十九日后方可用。

注释

[1] 糖心：指曲坯内部凝成的类似糖一样的糊状物。

[2] 体重：曲饼的分量重。

[3] 惟是体轻：只是曲饼的分量轻。惟，只。

译文

制造曲饼时，水多了就会形成糖心儿似的糊状物；水流不匀，曲饼的断面就会呈现出青黑色的斑点；温度太高，曲饼就会出现红心；温度太低，曲就会发不透，从而使得曲饼的分量变重。只有曲饼不但分量轻，而且心内还呈现为黄白色或者上面有花衣，这样的才是好曲。

从踏造曲饼那天开始算起，经过一个多月的时间，白天将曲饼拿到曲场的外边，放到迎风的地方，然后像水井的围栏那样将其垛起来，这样过十多天之后打开其中一个曲饼，如果曲饼的心内没有湿的地方，就可以放到太阳下去晒干，等到冷了之后再收起来。曲饼收起来后要放在高燥的地方，不能靠近地气和阴湿的房屋。盛放贮存的时候，还要注意防虫、鼠和污染。这样曲饼存放四十九天之后就可以用了。

酒曲制作注意事项

古代对于制曲要求非常严格：水不能多，加水时水流要均匀；温度不能高，也不能低，要适度；曲饼发酵必须到规定时间；曲饼分量不能太重；曲饼要晒透、晒干。所以《天工开物·酒母》里说："凡造酒母家，生黄未足，视候不勤，盥拭不洁，则疵药数丸动辄败人石米。故市曲之家，必信著名闻，而后不负酿者"，"凡造此物，曲工盥手与洗净盘簟，皆令极洁，一毫滓秽，则败乃事也"。现在制作酒曲，虽然在工艺上有了很大的不同，但在严格方面是相同的，特别是发酵这个环节，温度绝对不能太高，否则，通风降温处理得不及时，白色的菌丝就会变成黑色的，甚至出现发霉的斑块，这样酒曲制作就失败了。

酒曲制作

罨 曲

顿递祠祭曲^①

原典

小麦一石，磨白面六十斤，分作两栲栳^②，使道人头、蛇麻、花水共七升，拌和似麦饭，入下项药：

白术（二两半）、川芎（一两）、白附子（半两）、瓜蒂（一个）、木香（一钱半）。

以上药捣罗为细末，匀在六十斤面内。

道人头（十六斤）、蛇麻（八斤，一名辣母藤^③）。

以上草拣择、剉碎、烂捣，用大盆盛新汲水浸，搅拌似蓝淀^④水浓为度，只收一斗四升，将前面拌和令匀。

右件药面拌时须干湿得所，不可贪水，"握得聚，扑得散"，是其诀也。便用粗筛隔过，所贵不作块。按令实，用厚复盖之^⑤，令暖三四时辰，水脉匀，或经宿，夜气留润亦佳。方入模子，用布包裹实踏，仍预治净室，无风处安排下场子^⑥。先用板隔地气，下铺麦麸^⑦约一尺浮，上铺箔^⑧，箔上铺曲，看远近用草人子为絜^⑨，上用麦麸盖之；又铺箔，箔上又铺曲，依前铺麦麸，四面用麦麸扎实风道，上面更以黄蒿^⑩稀压定。须一日两次覰步体当^⑪，发得紧慢。伤热则心红，伤冷则体重。若发得热，周遭麦

注释

① 祠祭曲：专门为酿造祭祀用酒而制的曲。祠祭，祭祀。

② 栲栳：用柳条或竹篾编成的容器，形状如斗。

③ 一名辣母藤：此处应是错误的。辣母藤是益母草的别名，而蛇麻则是酵母花、啤酒花的别名，两者并非同一种物质。

④ 蓝淀：应是"蓝靛"，即靛蓝，是一种深蓝色染料。

⑤ 用厚复盖之：用厚的东西覆盖。复同"覆"。

⑥ 场子：制作曲饼的场地。

⑦ 麦麸：小麦脱粒扬场后剩下的秕子、碎皮等。

⑧ 箔：蚕架上用的竹帘。

⑨ 为絜：做围墙，把曲床围起来。"絜"同"契"，有相合之意。

⑩ 黄蒿：枯黄的蒿草。蒿草，草名。

⑪ 覰步体当：观察探索和亲身体会。覰步，观察探索。体当，体会。

古法今观——中国古代科技名著新编

麸微湿，则减去上面盖者麦麸，并取去四面扎塞，令透风气，约三、两时辰，或半日许，依前盖覆。若发得太热，即再盖，减麦麸令薄。如冷不发，即添麦麸，厚盖催趁之[12]。约发及十余日已来，将曲侧起[13]，两两相对，再如前罨之，蘸瓦[14]日足，然后出草。

[12] 催趁之：促使曲饼发起来。催，催促、促使。趁，追逐。

[13] 将曲侧起：将曲饼倾斜地立起来。侧，倾斜。

[14] 蘸瓦：指侧立。

译文

　　取小麦一石，将其磨成白面六十斤，分装在两个竹编的栲栳里。取道人头、蛇麻、花水共七升，与白面拌和成麦饭那样。取白术二两半、川芎一两、白附子半两、瓜蒂一个、木香一钱半，将这些药捣碎筛为细末，匀拌到前面的拌和成的麦饭中。然后再将十六斤道人头、八斤蛇麻拣择干净后剁碎，再捣烂，放到大盆中用新打来的水浸泡，并加以搅拌，当搅拌成深蓝色时即可停止，取其中的一斗四升，再均匀地拌和到前面的麦饭中。

　　前面的药面，在拌和时要干湿适当，水不能放多了。其中的诀窍就是"握得聚、扑得散"。拌好后，用粗筛隔过，不能结成块儿，将其按实，并用厚的东西盖好，用以保暖。等过三四个时辰之后，药面中的水流已经均匀，或者放一晚上让夜气润泽一下也可以，然后再放到曲模中，用布包裹踏实，这样曲饼就做成了。然后准备好干净的屋子，在避风的地方摆放曲饼。先用木板隔开地气，再铺上约一尺厚的麦麸，麦麸上铺好竹帘，竹帘上再放曲饼，曲饼周围用草扎的人看守，防止鸟害。铺放好的曲饼用麦麸盖好，麦麸上再铺上竹帘，竹帘上又铺曲饼，再依照前面又铺盖麦麸，四周的"风道"用麦麸扎实，上面再用黄蒿稀疏地压定。每天要观察两次，察看曲发的快慢情况。如果温度高，曲饼会有红心；如果温度低，曲饼的分量会加重。如果发得太热，周围的麦麸有微湿情况，这时可以减去一些盖在上面的麦麸，并取去四面扎塞的麦麸，让其通风，这样通风大概两三个时辰，或者半天，依然按照前面的方法再次覆盖好。如果发得还是太热，就要再减去一些盖在上面的麦麸，使其更薄一些。如果因为温度冷而没有发起来，就增加麦麸的厚度，促使曲饼发起来。曲饼发到十多天左右，将其倾斜着立起来，两两相对摆放，再依照前面的方法掩盖，侧立的时间够了，就产出成品的曲饼了。（立放的称为"蘸"，侧放的称为"瓦"。）

酒曲的保存，最重要的就是做好干燥和密封。如果数量不多，放到冰箱的冷藏室收藏即可，但绝对不可冷冻，否则就会失去作用。也可以用大口的塑料瓶储藏，比如矿泉水桶或食用油桶，记住一定要洗干净并晾干后再放酒曲，口部一定要密封严实。还可以用广口玻璃瓶存放，而且效果会更好。如果数量多，可以放到瓷瓮或陶瓮里面，不要装满，上面垫一层塑料布，塑料布上用干燥的沙土盖上、压实，外面再用几层塑料布裹住、扎紧。古人一般都是放到瓮里。

存放酒曲的瓮

香泉曲

原典

白面一百斤，分作三份，共使下项药：

川芎（七两）、白附子（半两）、白术（三两半）、瓜蒂（一钱）。

以上药共捣罗为末，用马尾罗筛过，亦分作三分，与前项面一处拌和令匀。每一分用井水八升[①]，其踏罨[②]与"顿递祠祭法"同。

注释

① 每一份用井水八升：每一份用水八升，所以一百斤面共用水二十四升，面和水的比例为一百斤比二十四升。

② 踏罨：踏压掩盖。

译文

白面一百斤，分作三份，加入以下草药：川芎七两、白附子半两、白术三两半、瓜蒂二钱。

将以上草药捣碎为细末，再用马尾箩筛过，也分为三份，与上面的白面一起拌和均匀。每一份混合物用井水八升。其曲饼的踏压覆盖方法与顿递祠祭法相同。

古法今观——中国古代科技名著新编

川 芎

《酒经》认为川芎是制作"香泉曲"的主要药材。川芎是一种中药植物，喜欢温和的气候环境，主产于四川，在云南、贵州、广西、湖北、江西、浙江、江苏、陕西、甘肃、内蒙古、河北等省区均有栽培。其性温、味辛，具有活血祛瘀、祛风止痛、行气开郁的功效，古人称之为"血中之气药"。加入川芎的"香泉曲"在如今的酿酒工艺中已不多见，但南宋文学家朱弁的《曲洧旧闻》卷七引张能臣的《酒名记》，曾列举了北宋时期二百余种名酒，其中提到的"东京香泉"和"邓州香泉"，可能就是由"香泉曲"酿造而成。

香泉曲原料之一：川芎

香桂曲

原典

每面一百斤，分作五处。

木香（一两）、官桂①（一两）、防风（一两）、道人头（一两）、白术（一两）和杏仁（一两，去皮、尖，细研）。

右件为末，将药亦分作五处，拌入面中。次用苍耳二十斤、蛇麻一十五斤，择净、剉碎，入石臼捣烂，入新汲井花水二斗，一处揉②，如蓝相似，取汁二斗四升。每一分使汁四升七合，竹箅落③内，一处拌和。其踏罨与"顿递祠祭法"同。

注释

① 官桂：樟科植物肉桂的干皮、枝皮。

② 揉：混合、搅拌。

③ 竹箅落：应是"竹簸箩"，也作竹筐箩，是用竹篾编成的容器，方形。

译文

　　将一百斤白面分为五份，再取木香一两、官桂一两、防风一两、道人头一两、白术一两和杏仁一两（去掉皮和尖，研细），将这些草药研成细末，也分为五份，且分别拌入白面中。然后再用苍耳二十斤、蛇麻十五斤，择净剁碎，放到石臼中捣烂，将新打来的井花水二斗放进去，一起搅拌，当搅拌到如蓝淀一样时，取出其中的汁液两斗四升。每一份面用汁液四升七斗，将面与药放到竹筐箩中一起拌和。其曲饼的踏压覆盖方法与顿递祠祭法相同。

官　桂

　　官桂，即桂皮，也称为肉桂、香桂，产于云南、广东、广西、福建等地。官桂为常用中药，有着浓郁的香气，古时常作为药曲材料用来酿酒，比如《酒经》里的"香桂曲"。"香桂曲"是宋代一种品质优良的酒曲，《曲洧旧闻》卷七引张能臣的《酒名记》，所记载的"怀州香桂""郓州香桂""归州香桂""蔡州香桂""果州香桂""鄯州香桂"和"北京香桂"即为"香桂曲"所酿，但此曲现在已经很少有人再使用，因此官桂的用途也发生了很大变化，更多是作为中餐里的调味品来使用。

香桂曲原料之一：官桂

杏仁曲

原典

　　每面一百斤，使杏仁十二两，去皮、尖，汤[①]浸于砂盆内，研烂如奶酪[②]相似。用冷熟水[③]二斗四升，浸杏仁为汁，分作五处拌面。其踏罨与"顿递祠祭法"同。以上罨曲。

注释

① 汤：指水，包括冷开水，此处指热水。

② 奶酪：用牛羊等的乳汁制成的食品。

③ 冷熟水：冷开水。

译文

每份面一百斤，用杏仁十二两，去掉杏仁的皮和尖，放到砂盆中用少量热水浸泡。泡好后，将杏仁研烂，就像奶酪一样，再用二斗四升冷开水浸泡杏仁，取其汁液，分作五份拌面。其曲饼的踏压覆盖方法与顿递祠祭法相同。

以上是罨曲的制作方法。

杏 仁

杏仁是《酒经》中"杏仁曲"里最主要的原料。其为杏树的果仁，杏树生长于暖温带地区，喜欢阳光充足的环境。杏仁分甜杏仁和苦杏仁，甜杏仁出产于南方，苦杏仁出产于北方，两者在营养成分上是一样的。但苦杏仁常被用来作药，具有止咳平喘、抗击肿瘤的作用。"杏仁曲"所酿的酒有"保定军杏仁"和"单州杏仁"，只是这两种酒如今已难寻踪迹。

杏仁曲原料之一：杏仁

风　曲

瑶泉曲

原典

白面六十斤（上甑蒸①），糯米粉四十斤（一斗米粉，秤得六斤半）。

以上粉面先拌令匀，次入下项药：

白术（一两）、防风（半两）白附子（半两）、官桂（二两）、瓜蒂（一钱）、槟榔（半两）、胡椒（一两）、桂花（半两）、丁香（半两）、人参（一两）、天南星（半两）、茯苓（一两）、香白芷（一两）、川芎（一两）和肉豆蔻（一两）。

右件②药并为细末，与粉、面拌和讫，再入杏仁三斤，去皮、尖，磨细，入井花水一斗八升，调匀，旋洒于前项粉、面内，拌匀；复用粗筛隔过，实踏，用桑叶裹盛于纸袋中，用绳系定，即时挂起，不得积下。仍单行悬之二、七日，去桑叶，只是纸袋，两月可收。

注释

① 上甑蒸：将面用甑蒸熟。甑，古代蒸食炊具。

② 右件：指上面的各种药。

译文

白面六十斤（放到甑中蒸熟），糯米粉四十斤（一斗米粉可以称得六斤半的分量）。

将以上的糯米粉和白面先拌和均匀，然后再加入下面的中草药：白术一两、防风半两、白附子半两、官桂二两、瓜蒂一钱、槟榔半两、胡椒一两、桂花半两、丁香半两、人参一两、天南星半两、茯苓一两、香白芷一两、川芎一两和肉豆蔻一两。

将上面的草药放到一起捣成细末，再与白面、糯米粉拌和，然后取

风曲原料之一：糯米

杏仁三斤，去掉皮、尖，磨成细末，加入一斗八升的井花水，调匀，随即洒到上面的粉面中，拌匀，再用粗筛隔过，踏压结实，用桑叶裹好后放到纸袋中，用绳子系住，立刻挂起来，不能积存。按旧方法单行悬挂十四天，之后去掉桑叶，再放到纸袋中，这样过两个月就可以收起来了。

"瑶泉曲"的特殊制作

"瑶泉曲"是《酒经》十三种曲法中最特殊的，它的制法与其他的曲法不同。另外十二种曲在制作时所用的面粉都是生的，而"瑶泉曲"用的则是熟的，必须要将面粉上甑蒸，而且其制作顺序也比较特别。在《齐民要术》中用麦造曲，是先蒸或炒，再进行磨碎，而"瑶泉曲"则是先磨碎后蒸。关于"瑶泉曲"的使用记载，《曲洧旧闻》卷七引张能臣的《酒名记》，曾提到"开封瑶泉"和"庆州瑶泉"，这两种酒应当为"瑶泉曲"所酿而成。

用木甑将面蒸熟

风曲

金波曲

原典

木香（三两）、川芎（六两）、白术（九两）、白附子（半斤）、官桂（七两）、防风（二两）、黑附子（二两，炮去皮）和瓜蒂（半两）。

右件药都捣罗为末，每料用糯米粉、白面共三百斤，使上件药拌和，令匀。更用杏仁二斤，去皮、尖，入砂盆内烂研，滤去滓。然后用水蓼①一斤、道人头②半斤、蛇麻一斤，同捣烂，以新汲水五斗，揉取浓汁，和搜入盆内③，以手拌匀，于净席上堆放，如法④，盖覆一宿，次日早辰用模踏造，唯实为妙。踏成，用谷叶裹盛在纸袋中，挂阁⑤透风处。半月，去谷叶。只置于纸袋中，两月方可用。

注释

① 水蓼：即辣蓼，为蓼科蓼属植物。具有祛风利湿、散瘀止痛、解毒消肿、杀虫止痒的功效。

② 道人头：也称苍耳子，为菊科植物，用于中药，有毒。

③ 和搜入盆内：用上述汁液将粉面调和后，再放到盆中。和搜，调和粉面。和，粉状物加水调和。

④ 如法：按常法进行。

⑤ 阁：同"搁"。

译文

选用木香三两、川芎六两、白术九两、白附子半斤、官桂七两、防风二两、黑附子二两（炮去皮）、瓜蒂半两，将这些中草药放到一起捣碎，再筛成末。每一份金波曲料选用糯米粉、白面共三百斤，再加入前面筛好的药末，拌和均匀。接着，用杏仁二斤（去掉皮和尖），放入砂盆中研烂，过滤去渣滓。然后用水蓼一斤、道人头半斤、蛇麻一斤，一同捣烂，用新打来的水五斗揉取浓汁。再将上述的面和汁液一起放到盆中，用手拌和均匀，堆放到干净的席子上。按照常法覆盖一晚上，第二天早晨用模子踏压成曲饼，一定要压实。踏成后，再用谷叶裹盛到纸袋中，然后挂在透风的地方，半个月后去掉谷叶，仅放在纸袋中，两个月后就可以使用了。

蛇 麻

《酒经》中"金波曲"里所加的蛇麻，其实就是现在的蛇麻草，也称为蛇麻花、啤酒花、酒花、酵母花，属于多年生蔓性草本植物，古人将其用为药材，在酿酒时经常加入。现在，蛇麻是酿造啤酒不可或缺的原料之一，被誉为"啤酒的灵魂"。蛇麻的挥发油具有清香味，且有防腐作用，加入啤酒中，可以使啤酒具有独特的苦味和香气，以及澄清麦芽汁的能力。另外，蛇麻是雌雄异株，酿酒所用的均为雌花。

金波曲原料之一：蛇麻草

滑台曲

原典

白面一百斤，糯米粉一百斤。

以上粉、面先拌和令匀，次入下项药：

白术（四两）、官桂（二两）、胡椒（二两）、川芎（二两）、白芷（二两）

和天南星（一两）。瓜蒂（半两）和杏仁（二斤，用温汤浸，去皮、尖，更冷水淘三两遍，入砂盆内研，旋入井花水，取浓汁二斗）。

右件捣罗为细末，将粉、面并药一处拌和，令匀。然后将杏仁汁旋洒于前项粉、面内拌揉，亦须干湿得所，"握得聚，扑得散"，即用粗筛隔过，于净席上堆放如法。盖三、四时辰，候水脉匀，入模子内，实踏，用刀子分为四片，逐片印"风"字讫，用纸袋子包裹，挂无日透风处四十九日。踏下[①]，便入纸袋盛挂起，不得积下[②]。挂时相离著，不得厮沓[③]，恐热不透风。每一石米，用曲一百二十两。隔年陈曲有力，只可使十两。

注释

① 踏下：踏压。

② 积下：积压。

③ 厮沓：相互重叠、相互叠压。厮，相互。沓，叠。

译文

选取白面一百斤、糯米粉一百斤，将二者拌和均匀，接着加入下面的中草药：白术四两、官桂二两、胡椒二两、川芎二两、白芷二两、天南星一两、瓜蒂半两和杏仁二斤（用温水浸泡去掉皮和尖，再用冷水淘洗两三遍，放到砂盆中研细，并立即加入井花水，滤取浓汁二斗）。

先将上面的草药捣碎筛成细末，再将粉面和药一起拌和均匀，然后再将杏仁汁洒到其中拌揉，要干湿得当，既能握得聚，也能扑得散，再用粗筛隔过，堆放在干净的席子上。按照平常的方法覆盖三到四个时辰，等水流均匀了，再放到模子中压踏结实。踏结实后，用刀子将曲分为四片，逐片印上"风"字，再用纸袋子包裹好，悬挂到阴凉透风的地方四十九日。曲饼踏压后，要立刻放到纸袋中悬挂起来，不能积存。悬挂时，每个之间相隔一点距离，不要相互重叠，否则可能会因为热而不透风。造酒时，每一石米用曲一百二十两，而隔年的陈曲有力，只要用十两就可以了。

风曲

白术和白芷

《酒经》中"滑台曲"里加入了白术和白芷，两者都是中药材，白术以根茎入药，白芷以根入药。其中白术主要产于四川、云南、贵州等山区湿地，喜欢凉爽的气候，具有健脾益气、燥湿利水、止汗、安胎等功效。白芷气味芳香，味辛微苦，有祛病除湿、排脓生肌、活血止痛等功能，一般生于林下、溪旁、灌丛和山谷草地。"滑台曲"加入这两种物质，是用来作药曲的，这是宋代酿酒的一大特色，和我们今天制酒有一定区别。

滑台曲原料之一：白术

滑台曲原料之一：白芷

豆花曲

原典

白面（五斗）、赤豆（七升）、杏仁（三两）、川乌头（三两）、官桂（二两）和麦糵（四两，焙干）。

右除豆、面外，并为细末，却用苍耳、辣蓼、勒母藤三味，各一大握，捣取浓汁，浸豆。一伏时^①漉出豆，蒸以糜烂为度（豆须是煮烂成沙，控干，放冷方堪用。若煮不烂即造酒出，有豆腥气）。却将浸豆汁煎数沸，别顿放^②。候蒸豆熟，放冷，搜和白面并药末，硬软得所，带软为佳^③；如硬，更入少浸豆汁。紧踏作片子，只用纸裹，以麻皮宽缚定，挂透风处四十日取出，曝干即可用^④。须先露五、七夜后，七、八月以后方可使。每斗用六两，隔年者用四两。此曲谓之"错著水"。（李都尉玉浆^⑤，乃用此曲，但不用苍耳、辣蓼、勒母藤三种耳。又一法：只用三种草汁浸米一夕，捣粉，每斗烂煮赤豆三升，入白面九斤，拌和，踏，桑叶裹，入纸袋，当风挂之，即不用香药耳。）

以上风曲。

注释

① 一伏时：一昼夜。

② 别顿放：另外放置。别，另外。顿放，放置、安置。

③ 带软为佳：软点为好。带，呈现。

④ 曝干即可用：晒干后曲就做成功了。

⑤ 李都尉玉浆：李都尉家制作的美酒。都尉，官名。玉浆，比喻美酒。

白面五斗、赤豆七升、杏仁三两、川乌头三两、官桂二两、麦蘖四两（焙干），这些草药中，除了赤豆和白面外，其他的放到一起研为细末。再将苍耳、辣蓼、勒母藤三味草药各一大把，放到一起捣取浓汁，用来浸泡赤豆一晚上。第二天将豆子捞出进行蒸煮，要煮到糜烂程度（豆子一定要煮烂成豆沙状，再控干水分，放冷了才可以用；如果煮不烂，即使造出酒来，也会有一股豆腥气）。之后，将浸泡赤豆的汁液煎煮至沸腾多次，然后放置一边，等到豆子煮熟，并且放冷后，再用煮沸的汁液调和白面与药末，面一定要调和得硬软适当，带点软为好；如果硬了，可以再加少许浸豆汁液。将曲踏实为片子形状，然后用纸包裹起来，再用麻皮宽松地绑定，挂在透风的地方四十天，然后取出，再晒干就可以用了。用的时候，要先经五到七天的霜露，等到七八个月以后才可以用。酿酒时，每斗米加入此曲六两即可，如果是隔年的陈曲，那么用四两即可。这种曲叫作"错着水"。（李都尉家制作的玉浆就用的此曲，只不过没有加苍耳、辣蓼、勒母藤三种草药而已。制造豆花曲的另一种方法是，将苍耳、辣蓼、勒母藤三种草药放到一起，研出汁液，用汁液浸米一晚上，再捣成粉，每斗粉用煮烂的赤豆三升，再加入白面九斤拌和均匀，压踏结实后，用桑叶裹住，再装到纸袋里，迎着有风的地方悬挂，此时就不用杏仁等香药了。）

　　以上讲的是风曲的制作方法。

"错着水"的来历

　　《酒经》中的"豆花曲"提到"此曲谓之'错着水'"，那么什么是"错着水"？"错着水"是对薄酒的谑称，本指一种很酸的酒，但这种酸酒并没有具体的名字。有一次，苏轼到朋友家去饮酒，朋友端上来的就是这种很酸的酒，苏轼就笑着说："你这酒肯定是作醋的时候错放了水吧？这酒就叫'错着水'吧。"从此，就有了"错着水"这个对酒的戏称，但这种很酸的酒究竟是怎样的，现在已无从知晓。

苏轼像

风曲

醸　曲

玉友曲

原典

辣蓼、勒母藤、苍耳各二斤，青蒿、桑叶各减半，并取近上稍嫩者，用石臼烂捣，布绞取自然汁。更以杏仁百粒，去皮、尖，细研入汁内。先将糯米拣簸一斗，急淘净，控极干，为细粉，更曝令干，以药汁逐旋①，匀洒，拌和，干湿得所（干湿不可过，以意量度②）。抟③成饼子，以旧曲末逐个为衣，各排在筛子内。于不透风处净室内，先铺干草（一方用青蒿铺盖），厚三寸许，安筛子在上，更以草厚四寸许覆之。覆时须匀，不可令有厚薄。一两日间，不住以手探之。候饼子上稍热，仍有白衣④，即去覆者草。明日取出，通风处安卓子⑤上，须稍干，旋旋⑥逐个揭之，令离筛子。更数日，以篮子悬通风处，一月可用。罨饼子须熟透，又不可过候，此为最难。未干，见日即裂。（夏月造，易蛀。唯八月造，可备一秋及来春之用。四月至九月可酿，九月后寒，即不发。）

注释

① 逐旋：逐渐、渐渐。

② 以意量度：按照自己的估计量度。

③ 抟：将东西捏聚成团。

④ 仍有白衣：连续地有白衣，也是好曲。仍，频、连次、连续。

⑤ 卓子：即桌子。

⑥ 旋旋：即缓缓。

译文

用辣蓼、勒母藤、苍耳各二斤，青蒿、桑叶各减半，摘取这些草药接近顶端的嫩梢部分，然后用石臼捣烂，再用布绞出汁液。取杏仁百粒，去掉皮和尖，研细，加到汁液中。先将一斗糯米挑拣干净，快水淘净，控到极干，然后研磨成细粉，再晒干，将上面的药汁逐渐均匀地洒到米粉中，拌和到一起，要干湿适当（不能过干过湿，要估计着度量）。接着，团成饼子，将旧的曲末逐个裹在饼子上，一个个排列在筛子里。找一个不透风的干净屋子，里面铺上干草，在安放筛子的地方用青蒿铺盖，厚大概三寸，然后将筛子安放到上面，再用草覆盖饼子，覆盖的厚度为四寸，覆盖时要均匀，不能有的地方厚有的地方薄。之后一两天时间之内，要经常用手试探，感觉饼子稍微发热，且连续地有白衣出现时，就去掉覆盖在上面的草。第二天将筛子取出，找一个通风的地方放置桌子，桌子上面要干燥，然后缓缓地逐个揭起饼子，使其离开筛子。这样再过几天，把装有饼子的篮子悬挂在通风处，一个月后就可以用了。罨饼子时要热透了，但又不能热过头，这是最难的地方。如果饼子没有干透，见到太阳会开裂。（夏天造曲容易生虫，只有八月制作的曲饼可以作为秋天以及第二年春天使用。自四月至九月可以制，九月以后天气变冷了，就发不起来了。）

辣 蓼

辣蓼，也叫辣蓼草、蓼子草、斑蕉草、梨同草，它是《酒经》中"玉友曲"的主要原料。事实上，不仅是"玉友曲"，宋代很多酒曲制作时都加有辣蓼，比如"金波曲""豆花曲""白醪曲"等。为什么要加辣蓼？首先作为中药材，它价格便宜且容易得到；其次，也是更重要的原因，辣蓼可以大大提高酒药的质量。因为宋代药曲中的微生物主要是根霉和酵母菌，加入辣蓼后，会增加酒曲的疏松性，提高酒曲的透气性，从而使得根霉和酵母菌能更好地生长繁殖。

另外，根据现代科技对辣蓼的研究，发现辣蓼中含有丰富的黄酮类等活性物质，这些物质具有很强的抗氧化能力，可以有效地抑制米粉中脂肪等物质的氧化，长时间保持酒曲中的营养成分不被破坏，可更好地使酒曲在保存过程中不变质。

辣 蓼

白醪曲

原典

粳米（三升）、糯米（一升，净淘洗，为细粉）、川芎（一两）、峡椒①（一两，为末）、曲母②末（一两，与米粉、药末等拌匀）、蓼叶（一束）、桑叶（一把）和苍耳叶（一把）。

右烂捣，入新汲水，破，令得所滤汁，拌米粉，无令湿，捻成团，须是紧实。更以曲母遍身糁③过为衣。以谷、树叶铺底，仍盖。一宿，候白衣④上，揭去。更候五、七日，晒干。以篮盛，挂风头。每斗三两，过半年以后，即使二两半。

注释

① 峡椒：指古代产于峡州的花椒。峡州位于今湖北宜昌一带。

② 曲母：是一种用红曲制成的酒母。

③ 糁：粘。

④ 白衣：生长在曲饼外表的白色微生物。

译文

准备以下草药：粳米三升、糯米一升（淘洗干净做成细粉）、川芎一两、峡椒一两（研成末）、曲母末一两（与米粉、川芎等药末拌匀）、蓼叶一束、桑叶一把和苍耳叶一把。

将上面的草药捣烂，加入新打来的井水浸泡后取汁，用所得滤汁拌和米粉，不能太湿了。将米粉捏成团子，一定要捏结实了，再将曲母末粘满团子的表面。然后用谷叶铺底，覆盖一晚上，等到团子上面出现了白衣，再揭去上面的覆盖物。之后再等五到七天，取出晒干，放到篮子里，挂在通风的地方。酿酒时，一斗米用三两曲，如果是放过半年以上的曲只用二两半就可以了。

红曲

《酒经》"白醪曲"的制作提到"曲母末（一两，与米粉、药末等拌匀）""更以曲母遍身糁过为衣"，这里所提到的"曲母"，指的是一种用红曲制成的酒母。红曲是流行于南方的一个曲种，它的菌种是红曲霉，而红曲霉是一种耐高温、糖化能力强，又有酒精发酵力的霉菌。古代制作红曲时，首先要造曲母，曲母就是红酒糟。而红酒糟是用红曲酿成的，所以红曲相当于一级种子，红酒糟相当于二级种子。现代也有红曲，是直接采用红曲粉或纯培养的红曲霉菌种接种而成的，同时还发展了厚层通风法制红曲工艺和红曲的液态法培养工艺，这样就大大提高了原料的利用率。

　　用红曲酿造的酒为红曲酒，颜色为红色，所以"白醪曲"制作而成的酒应该就是红色。而红曲的发现和应用则是宋代酿酒对中国酿酒业的一项重大贡献。

红　曲

醴曲

小酒曲

原典

　　每糯米一斗，作粉，用蓼^①汁和匀，次入肉桂、甘草、杏仁、川乌头、川芎、生姜，与杏仁同研汁，各用一分^②作饼子。用穰草^③盖，勿令见风。热透后，番^④依"玉友罨法"出场，当风悬之。每造酒一斗，用四两。

注释

　　① 蓼：即水蓼。一年生草本植物，茎叶味辛辣，可用以调味。全草入药。

　　② 一分：一点儿、少量。

　　③ 穰草：不去皮叶的植物的杆茎。

　　④ 番：同"翻"。

译文

　　糯米一斗磨成粉，加入蓼汁拌和均匀。然后加入肉桂、甘草、木香、川乌头、川芎、生姜，与杏仁一起研成汁，分成数份做成曲饼。饼子用穰草覆盖，不要见风。热透以后，翻过来，接下来按照玉友曲的罨法进行。罨制成功后，迎风悬挂。造酒时，一斗米用四两曲。

药 曲

　　药曲，就是添加了中草药的酒曲。古人常用药曲发酵米酒和黄酒，《酒经》中的十三种酒曲大部分都是药曲，其中"小酒曲"最为典型。因为"小酒曲"的制作原料非常简单，除了制作酒曲必用的糯米外，其余的都是中草药，比如肉桂、蓼汁、杏仁、生姜、甘草、川芎、川乌头、木香等。

　　添加了中草药的酒曲，其活性和香气更好，这种传统的做法一直延续到现在。南方很多米酒、黄酒、小曲白酒都添加了中草药，例如福建宁德地区用传统方法制作的福建药曲就加入了三十六味中药。

药曲所用的药材

真一曲

原典

　　上等白面一斗，以生姜五两，研取汁，洒拌揉和。依常法起酵 ①，作蒸饼，切作片子，挂透风处一月，轻干 ② 可用。

注释

　　① 依常法起酵：按照习惯的做法进行发酵。常法，通常方法、习惯做法。起酵，发酵。

　　② 轻干：又轻又干。

译文

上等的白面一斗，用生姜五两研磨获取汁液，洒到面里搅拌融合。再依照平常的方法发酵后，制作成蒸饼，再将蒸饼切成片子，悬挂到透风的地方一个月，晾干后就可以用了。

"真一酒"和苏轼

真一酒是一种酒名，它即是用《酒经》中提到的"真一曲"酿制而成的。而其制法和酒名都与苏轼有很大关系。世人皆知苏轼为北宋著名的文学家，殊不知其对酒同样有研究。苏轼《东坡酒经》中有与"真一曲"类似的记载："吾始取面而起肥之，和之以姜液，烝之使十裂，绳穿而风戾之，愈久而益悍，此曲之精者也。"而且，苏轼不仅制曲，还根据此曲酿制成真一酒，在《真一酒法——寄建安徐得之》一信中，他曾详细记述真一酒的酿制方法。对于真一酒的命名，苏轼《真一酒》诗引："米、麦、水，三一而已，此东坡先生真一酒也。"又自注其诗："真一色味，颇类予在黄州日所酝蜜酒也。"

朱肱的兄长朱服与苏轼的关系很好，所以，受兄长影响，朱肱对苏轼也极为崇拜，非常喜欢读他的诗词文章，其《酒经》中"真一曲"的制法，应该就是受到苏轼对"真一酒"记述的启发。

莲子曲

原典

糯米二斗，淘净，少时蒸饭，摊了。先用面三斗，细切生姜半斤如豆大，和面，微炒令黄。放冷，隔宿，亦摊之。候饭温，拌令匀，勿令作块。放芦席上，摊以蒿草，罨作黄子①，勿令黄子黑。但白衣上即去草，番转，更半日，将日影②中晒干，入纸袋盛，挂在梁上风吹。

以上醸曲。

注释

① 罨作黄子：罨成女曲。黄子，酒曲名，即女曲。

② 日影：指太阳。

译文

取糯米二斗，淘洗干净，蒸饭，时间不要太久，熟后摊开。提前准备面三斗，将半斤生姜切细，大小如豆子，然后和到面里，微炒使之变黄，再放冷，隔一夜，再摊开。等到饭温时与面拌匀，不能结成块儿。再将其放到芦席上，摊上蒿草，罨成女曲。女曲不能变黑，只要发现上面有了白衣，就去掉蒿草，将其翻过来。再过半天，拿到太阳底下晒干，装入纸袋中，悬挂在梁上让风吹。

以上是醿曲的制作方法。

生姜制酒

《酒经》中"莲子曲"的制作原料除了糯米和白面，加入的中药只有生姜，可见，生姜是可以用于酿酒的。

在中国，生姜作为药用的历史很长，其具有祛风发汗、温中散寒的作用，因此将生姜用于酒曲也是利用了其药性。而现代医学经过研究，发现生姜除了上述作用外，还具有强心、保肝、降血脂、健胃、护肾、健肤和美容等功效，所以用生姜制酒并没有中断，从古代到现在，这个传统一直延续下来，比如姜酒就是以生姜为主要原料的保健酒，这种酒特别适合于长期在空调环境中、高寒地区、野外作业工作的人员饮用，对患有慢性消化系统疾病的老年人也大有裨益。

姜

下卷

卧　浆 ①

原典

今人都不复用。酒绝忌酸，乃以酸浆汤米。何也？又以水与姜、葱解之，尤为不韵。

六月三伏时，用小麦一斗，煮粥为脚②，日间悬胎盖③，夜间实盖之。逐日浸热面浆④或饮汤，不妨给用，但不得犯生水。造酒最在浆，其浆不可才酸便用，须是味重。酴米偷酸，全在于浆。大法：浆不酸，即不可酝酒。盖造酒以浆为祖⑤，无浆处，或以水解醋，入葱、椒等煎，谓之"合新浆"。如用已曾浸米浆，以水解⑥之，入葱、椒等煎，谓之"传旧浆"，今人呼为"酒浆"是也。酒浆多，浆臭而无香辣之味。以此知，须是六月三伏时造下浆，免用酒浆也。酒浆寒凉时犹可用，温热时即须用卧浆。寒时如卧浆阙绝，不得已，亦须且合新浆用也。

注释

① 卧浆：制取的酸浆水。

② 脚：这里指酿酒的基本原料。

③ 胎盖：上部隆起的盖子。

④ 逐日浸热面浆：指逐日地加入热面浆。浸，渐进、渐入。面浆，浆糊。

⑤ 盖造酒以浆为祖：因为造酒是从制作酸浆开始的。祖，初、开始。盖，因为。

⑥ 以水解：即用水稀释。

译文

今天的人都不再用卧浆。既然酒绝对禁酸，为什么还要用酸浆浸米呢？而且还加入了水和姜、葱溶解，这就很难理解了。

六月三伏天的时候，用小麦一斗，将其煮成粥，以作为制作酸浆的原料，白天不要盖严实，夜晚必须盖严实。然后每天加入热面浆，或用热开水也可以，但绝对不能加生水。造酒最重要的就是酸浆，浆不能刚发酸就拿来用，必须等酸味重了才能用。酴米之所以能发酸，全在于浆。其基本原则是：浆不酸就不能够拿来酿酒，因为酿酒的根本就在于酸浆。如果没有酸浆，也可以用水来稀释醋，然后再加入葱、椒等，放在一起合煎，这称为"合新浆"。如果用已浸过的米浆，用水稀释后，再加入葱、椒等一起合煎，这称为"传旧浆"，现在人们所称的"酒浆"就是这种浆。但酒浆太多，浆就会臭而无香辣之味。由此可以知道，一般在六月三伏天的时候制作酸浆，为的就是免用酒浆。酒浆在寒凉的时候还可以用，如果是温热的时候就必须用卧浆了。寒冷的时候如果卧浆短缺，在不得已的情况下，只能配制新浆了。

酸浆和酒浆

在宋代，制酒时首先需要用酸浆来浸米。那么酸浆是怎么制作的呢？它是将米或小麦煮成粥，然后放置起来等待其变酸。在这个过程中，需要每天在粥里面加入适量的热麦浆或饮用汤，但切忌用生水。如果没有合适的酸浆，也可以用浸过的米浆，用水溶解后再加入葱、椒等合煎，这种合煎出来的浆称为"酒浆"。如今，酸浆早已不存在于制酒过程中，而"酒浆"一词的含义也不同于古代，它指的是生产出来没有经过调配的原浆酒，经过陈放用来勾调各种不同的成品酒。

酒　窖

淘　米

原典

造酒治糯[①]为先，须令拣择，不可有粳米。若旋拣[②]实为费力，要须[③]自种糯谷，即全无粳米，免更拣择，古人种秫盖为此。凡米，不从淘中取净，从拣中取净。缘水只去得尘土，不能去砂石、鼠粪之类。要须旋舂、簁，令洁白，走水一淘，大忌久浸。盖拣簁既净，则淘数少而浆入。但先倾米入箩，约度[④]添水，用杷子靠定箩唇，取力直下[⑤]，不住手急打斡[⑥]，使水米运转，自然匀净，才水清即住。如此，则米已洁净，亦无陈气。仍须隔宿淘控[⑦]，方始可用。盖控得极干，即浆入而易酸，此为大法。

注释

①糯：泛指用来制作酒的米。

②旋拣：现拣、临时拣。旋，临时、现时。

③要须：必须、需要。

④约度：估计、衡量。

译文

　　酿造酒时，应当先将糯米处理干净。必须仔细拣择，不许有不黏的米。如果临时拣择实在费力，那么就要亲自选种酿酒用的谷物，这样便不会有不黏的米了，以免再拣择。古人种秫供自己酿酒，大概就是这个缘由。凡造酒用米，都不是通过淘洗

酿酒之淘米

使其干净的，而是通过拣择变得干净，这是因为水只能去掉尘土，却不能去掉砂石、鼠粪之类的杂物。米必须随时舂簸，使其变得洁白，然后再用流水淘洗，最忌讳的是长久地浸泡。因为拣簸干净了，那么淘洗的次数就会变少，这样在烫米的时候，酸浆就容易进入米心。淘洗的时候，要先将米倒入箩中，再在盆中添加合适的水量，然后将箩浸入水中，用木棍靠定箩唇，聚力向下，不停手地让箩快速旋转，这样就可以使水和米自然均匀地运转。经过如此反复淘洗，直至水清了再停止。这样淘出来的米不仅洁净，而且还没有陈旧之气。米淘洗干净后，还要控一晚上的水，直至控干才可用。因为只有米控得极干，酸浆才能够进入米心使米更容易变酸。这是淘米的基本原则。

米酒原料选择

　　古人酿造米酒，对米的要求非常严格。首先，不能有粳米；其次，不能有尘土、砂石、鼠粪之类的杂质；第三，要除去皮壳及米表含有的蛋白质、脂肪等物质。然后用淘米箩洗米，要多次反复进行，直到水清为止。现在制作米酒，如果是自酿自喝，米没有太多要求，一般的大米、糯米都可以，但如果是专业米酒厂，则最好选择糯米，因为糯米的直链淀粉含量最高。而在糯米当中又以圆糯米为最佳，且最好是新糯米。选好米后，将糯米通过筛米机，筛去糠、碎米及其夹杂物，再用水多次淘洗干净。

煎 浆

原典

假令米一石，用卧浆水一石五斗（卧浆者，夏月所造酸浆也，非用已曾浸米酒浆也。仍先须仔细刷洗锅器三、四遍），先煎三、四沸，以笊篱漉①去白沫，更候一、两沸，然后入葱一大握（祠祭以薤代葱），椒一两，油二两，面一盏。以浆半碗调面，打成薄水，同煎六、七沸。煎时不住手搅，不搅则有偏沸及有煿著处②，葱熟即便漉去葱、椒等。如浆酸，亦须约分数③以水解之；浆味淡，即更入酽醋。要之，汤米浆以酸美为十分④，若用九分味酸者，则每浆九斗，入水一斗解之，余皆仿此。寒时用九分至八分，温凉时用六分至七分，热时用五分至四分。大凡浆要四时改破，冬浆浓而涎，春浆清而涎，夏不用苦涎⑤，秋浆如春浆。造酒看浆是大事，古谚云："看米不如看曲，看曲不如看酒，看酒不如看浆。"

注释

① 漉：捞取，从上面舀出。

② 煿著处：有炸裂发声的地方。煿，通"爆"，炸裂发出的声音。

③ 约分数：按比例。

④ 酸美为十分：酸美度达到十分。

⑤ 涎：黏液。

译文

如果用米一石，就要用卧浆水一石五斗（所谓卧浆，指的就是夏天所造的酸浆，不是用浸过米的"酒浆"。用时仍须提前仔细刷洗用来煎浆的锅以及其他用具，要洗三到四遍）。先煮三四遍，使其沸腾，并用笊篱滤去表面的白沫，然后再煮沸一到两次，再加入一大把葱（酿造祭祠用酒是以薤代葱）、椒一两、油二两、面一小碗。用半碗卧浆水调和面，然后打成薄水，共煮六七遍，至沸腾。煮的时候要不停地搅拌，否则就会有偏沸的现象发生，以及使锅底产生炸裂声。当葱熟了之后就捞去葱、椒等，如果浆味比较酸，就要按照比例用水稀释。如果浆味比较淡，就要再加入适量的浓醋。总之，烫米所用的酸浆必须酸美度达到十分；如果是九分程度，那么每九斗酸美的浆中就需要再加入一斗水将其稀释，余此类推。寒冷的季节，只要用八分到九分味酸的浆就可以；温凉时用六分到七分的即可；天热时用四分到五分的即可。一般说来，用酸浆要随季节而改变：冬天用的浆要浓而黏；春天用的浆要清而黏；夏天用的浆不能很黏；秋天用的浆和春天一样，也是清而黏。造酒看浆是大事，古谚语说："看米不如看曲，看曲不如看酒，看酒不如看浆。"

在宋代酿酒时，有煎浆、卧浆环节，它们的主要作用是为了提取酸浆水。而酸浆水则是作为酿酒配料的，以调节醪酒的酸度。在现代酿酒工艺过程中，已没有了煎浆、卧浆步骤，但酸浆水并没有消失，而是直接通过浸米得到酸浆水。此外，在生产豆腐制品时，也需要用到酸浆水。豆腐酸浆水指的是在生产豆腐制品过程中，压制或是脱水过程中取的二次水（即副产物）经过一段时间自然发酵后变酸，然后用于下一次生产中点浆工艺的水。所以，古今"酸浆水"无论制法还是用途都有一定区别。

汤 米

原典

一石瓮①埋入地一尺，先用汤烫瓮②，然后拗浆③，逐旋入瓮，不可一并入生瓮④，恐损瓮器。便用棹篦⑤搅出大气，然后下米。汤太热，则米烂成块；汤慢即汤不倒而米涩，但浆酸而米淡，宁可热，不可冷。冷即汤米不酸，兼无涎，生亦须看时候及米性新陈。春间用插手汤⑥，夏间用宜似热汤⑦，秋间即鱼眼汤⑧（比插手差热），冬间须用沸汤。若冬月却用温汤，则浆水力慢，不能发脱；夏月若用热汤，则浆水力紧，汤损亦不能发脱。所贵四时浆水温热得所。

汤米时，逐旋倾汤，接续入瓮，急令二人用棹篦连底抹起三、五百下，米滑及颜色光粲乃止。如米未滑，于合用汤数外，更加汤数斗汤之不妨，只以米滑为度。须是连底搅转，不得停手。若搅少，非特⑨汤米不滑，兼上面一重米汤破，下面米汤不匀，有如烂粥相似。直候米滑浆温即住手，以席荐围盖之，令有暖气，不令透气。夏月亦盖，但不

注释

① 一石瓮：指可以盛一石粮食的瓮。"石"是旧市制容量单位。

② 先用汤烫瓮：指对瓮进行预热。

③ 拗浆：拨动酸浆。拗，扳、拨动。

④ 生瓮：指没有预热过的瓮。

⑤ 棹篦：船桨形的搅拌工具。

⑥ 插手汤：指能插手进去而不觉得烫的酸浆水。

⑦ 宜似热汤：浆水似热似不热，即刚刚热。

⑧ 鱼眼汤：指没有大开的汤。因为水中冒出的气泡形状像鱼的眼睛，所以称"鱼

须厚尔。如早辰⑩汤米，晚间又搅一遍；晚间汤米，来早又复再搅。每搅不下一、二百转。次日再入汤，又搅，谓之"接汤"。"接汤"后渐渐发起泡沫，如鱼眼、虾跳之类，大约三日后，必醋矣。

眼汤"。

⑨ 非特：不但、不仅。

⑩ 早辰：早晨。

译文

将容量一石的瓮埋入地下一尺，先用热酸浆均匀地烫热瓮，然后把酸浆分次拨到瓮中。不能将热酸浆一下子倒入未经预热的瓮里，以防损坏瓮。酸浆入瓮后，用棹篦把酸浆搅出热气，再将米倒下去（如果是新米，就用"倒烫"法，如果是陈米，就用"正烫"法。所谓"倒烫"，就是先加入浆再加入米。所谓"正烫"法，就是先加入米再加入浆。浆水要连续加入，并不停地搅拌）。汤太热，米就会结成块；汤不热，米就不熟、不滑烂，只是浆酸而米不酸。烫米的浆宁可热，不能冷，冷了就会使烫米不酸，而且也不发黏，但也要看季节和米的新旧情况。春天，可以用手插入而不觉得烫的汤，夏天要用稍热的汤，秋天就用没有大开的鱼眼汤（比插手汤稍微热一些的），冬天要用沸汤。如果冬天选用温汤，会因为浆水力小而发不起来；夏天如果用热汤，会因为浆水力大，把米烫伤了，这样也发不起来。所以一年四季所用的浆水，最重要的就是温度适当。

烫米时，要逐渐且连续地将热酸浆倒入瓮里，并让两个人赶紧用棹篦连底搅动三五百下，直到米滑且颜色变得光灿再停止。如果米不滑，除已经使用的汤量外，再加数斗汤烫米，直到变得米滑。烫米的时候，必须连底搅动，不能停手。如果搅动的次数少了，不但米烫不滑，还会有上面的一层米被烫破的现象发生，而且下面的米烫不匀就会像烂粥一样。一直等到米滑浆温再停手，然后用草席覆盖起来，这样既保暖又不透气。夏天也要覆盖，但不用很厚。如果早晨烫米，晚上就要再搅一遍；如果晚上烫米，就要第二天早晨再搅一遍。每次搅拌的时候，都要达到一两百转。第二天还要再加浆水搅拌，这叫作"接烫"。接烫后渐渐发起泡沫，就像鱼眼一样，这样大概三天之后就酸了。

浸 米

浸米是黄酒酿造过程中一道重要的工序，其浸泡的质量直接关系到蒸饭的质量，进而影响到酿酒的质量。古时候，如果浸米用的是热酸浆，先烫后浸，只要泡三四天即可，否则必须泡二十天左右，直到"用手一捻便碎"，才可以用来蒸饭，时间比较长。现代黄酒酿制，采用的是新工艺浸米：首先将用来浸米的缸杀菌，使其没有杂味；将淘洗干净的米倒入缸内，不要倒满，离缸面十几厘米。选择清洁无味的水倒入缸内，水位应超出米面 10 厘米左右，如果发现有米粒脱水，应及时加水摊平。对于浸米时间，需要根据米的性质，以及天气、气温、水温等来确定，但浸米时不需要像古人一样先烫后浸，而是直接用达标的水浸泡，由于采用的是新工艺，所以只要两三天即可使米吸足水分，时间大大缩短。

浸　米

原典

　　寻常汤米后，第二日生浆泡①，如水上浮沤②。第三日生浆衣，寒时如饼，暖时稍薄。第四日便尝，若已酸美有涎，即先以笊篱掉去浆面，以手连底搅转，令米粒相离，恐有结米，蒸时成块，气难透也。夏月只隔宿可用，春间两日，冬间三宿。要之，须候浆如牛涎，米心酸，用手一捻③便碎，然后漉出，亦不可拘日数也。惟夏月浆米热后，经四、五宿，渐渐淡薄，谓之"倒了"。盖夏月热，后发过罨损④。况浆味自有死活，若浆面有花衣浡⑤，白色明快涎黏，米粒圆明松利，嚼著味酸，瓮内温暖，乃是浆活；若无花沫，浆碧色、不明快，米嚼碎不酸，

译文

　　一般情况下，烫米后的第二天就会生出浆泡，就像水上的泡沫一样。第三天就会结出浆衣，天冷时浆衣厚得像饼，温暖的时候稍微薄一些。到了第四天可以试尝一下，如果已经酸美有黏汁，就用笊篱捞去浆面，用手连底搅转，让米粒相分离，这样做是为了防止结米情况发生。如果蒸的时候米结成块，蒸气就难以透过了。烫过的米，如果是在夏天，只要隔一夜就可以用了，但春天就必须放两天，冬天则需要放三天。总之，必须等到浆如牛的涎，米心要酸酵了，用手一捻就碎（巴地人蒸米，先用大的器具盛放沸汤，等到米熟了，再把甑中的米倒入沸汤里面，直到米浸透，一捻就碎，为什么要这样烦琐呢），然后再滤出来，也不一定限定日数。夏天浆米热了，再

或有气息，瓮内冷，乃是浆死盖是汤时不活络。善知此者，尝米不尝浆；不知此者，尝浆不尝米。大抵米酸则无事于浆。浆死，却须用杓尽撇出元浆[6]，入锅重煎、再汤，紧慢比前来减三分，谓之"接浆"。依前盖了，当宿即醋。或只撇出元浆，不用漉出米，以新水冲过，出却恶气。上甑炊时，别煎好酸浆，泼汕下脚亦得，要之，不若"接浆"为愈。然亦在看天气寒温，随时体当。

注释

① 浆泡：指烧浆水时产生的气泡。

② 浮沤：水面上的泡沫。

③ 捻：揉搓。

④ 奢损：损伤。

⑤ 浡：沸涌。

⑥ 元浆：原浆，最初的浆。

经过四五晚，浆就会慢慢变淡，这叫作"倒了"，因为夏天天热，发酵过了头就会损伤浆水。浆水有死活之分，如果浆面有花沫，且颜色发白、明快，涎黏，米粒圆明松利，嚼起来有酸味，瓮里边是温暖的，这就是活浆；如果浆面没有花沫，且浆呈碧色，又不明快，米嚼起来不酸或闻起来有气息，瓮里面是冰冷的，这就是死浆，这可能是因为烫米的时候不得法。能够明白这些道理的人，尝米不尝浆；不能领会的人，则是尝浆不尝米。大致上来说，只要米酸就不需要看浆。如果浆死了，还要用勺子舀出元浆和米，倒入锅里重煎后再烫米，这样的浆水力度比前面烫米的时候减三分，这叫作"接浆"。接浆后再按照前面说的方法覆盖住，当天晚上就可以变酸。也有的只舀出元浆，不过滤出米，用新水将米冲洗，除去恶气，上甑蒸米时，另外用煎过的好酸浆将米泼出香气，这样也可以。总而言之，这种方法不如接浆好。但这也要看天气冷暖情况，随时查看调整。

古今"原浆"之含义

《酒经》中说："浆死，却须用杓尽撇出元浆""或只撇出元浆，不用漉出米"，这里所说的"元浆"，就是原浆，它指的是米浆。"原浆"，本意就是指原汁原味的液体，在酒类方面，则指原浆酒。原浆酒现在分原浆白酒和原浆啤酒。原浆白酒是指粮食通过曲发酵成酒，完全不勾不兑的原始酒液，这种酒被认为是集营养、健康、时尚、美味、高雅、高质六大优势于一体的高品质健康酒，代表着中国未来白酒的发展趋势。而原浆啤酒指不加水，不经过滤，不经灭活工序，保留鲜活酵母的生啤酒原液。这种啤酒在市场上并不多，因为有人认为它与普通啤酒并没有什么区别。

原　浆

蒸醋糜

原典

欲蒸糜，隔日漉出浆衣，出米置淋瓮，滴尽水脉，以手试之，入手散籁籁[1]地便堪蒸。若湿时，即有结糜。先取合使泼糜浆[2]以水解，依四时定分数。依前入葱、椒等同煎，用篦不住搅，令匀沸。若不搅，则有偏沸及𤉥灶釜处，多致铁腥。浆香熟，别用盆瓮内，放冷，下脚使用，一面添水烧灶，安甑箪[3]勿令偏侧。若刷釜不净、置箪偏侧或破损、并气未上，便装筛，漏下生米。及灶内汤太满（可八分满），则多致汤溢出冲箪，气直上突，酒人谓之"甑达"，则糜有生熟不匀。急倾少生油入釜，其沸自止。须候釜沸气上，将控干酸米，逐旋以勺，轻手续续趁气撒装[4]，勿令压实。一石米约作三次装，一层气透又上一层。每一次上米，用炊帚掠拨[5]周回上下，生米在气出处，直候气匀，无生米，掠拨不动；更看气紧慢，不匀处用米枚子[6]拨开慢处，拥在紧处，谓之"拨溜"。

注释

① 散籁籁：形容松松散散。籁籁，纷纷落下的样子。

② 合使泼糜浆：合计使用的泼糜浆水。

③ 甑箪：蒸饭时为防止米漏入釜中而衬在甑底的竹席。甑，古代蒸具。箪，蒸锅里的竹屉。

④ 趁气撒装：追逐热气撒装生米。趁，逐、追赶。

⑤ 用炊帚掠拨：用炊帚拨拉。炊帚，用来刷锅洗碗的刷子。掠拨，拨拉。

⑥ 米枚子：指铲米的工具。"枚"同"锹"。

译文

要蒸醋糜，可以先烫好酸米，隔一天再撇出里面的浆衣，然后将剩下的倒在淋瓮上，控干米里的水分后，用手试米，如果手放到里面感到松松散散的，就可以蒸了。如果米太湿，就会使米结块儿。预先取出用来泼洒脚糜的全部酸浆，然后用水将其稀释，稀释的时候应按照四季对浆的要求来确定加水的分量，之后加入葱、椒等，按照前面煎浆的方法同煎。煎的时候要用棹篦不停地搅拌，让其均匀地沸腾；如果不搅拌，就会有局部沸腾现象及炸裂的声音，并且锅灶会产生铁腥气。当浆又香又熟后，放到另外准备的盆或瓮中使其冷却，以便在泼洒脚糜的时候使用。与此同时，要添上水，开始烧灶，并安放好甑箅，甑箅安放的时候不能有偏斜。如果锅没有洗干净，甑箅放置偏斜或产生破损，气没有上来就装米，锅里面有生米漏下，锅中水添得太满（可以添八分满），那么这些情况下，水一般会溢出从而冲击甑箅，蒸气会直接上突，这种酿酒，人们称之为"甑达"，这会使米熟得不均匀。遇到"甑达"的情况，必须快速地将少许生油倒入锅里，沸腾现象会自行停止。所以为了不出现上面不好的现象，一定要等到锅里的水开了且甑中的蒸气上来，然后将控干的酸米用勺子轻轻地撒装在甑里，不要压实了。一石米大约分三次撒装，当一层气透上来后，再撒一层米。每一次撒米，都要用炊帚将周围的生米拨拨到有大的蒸气透出的地方，直到气匀且没有了生米，拨拉不动为止。对于透气快慢不匀的情况，还要用米铲子拨蒸气多的地方，这种做法叫"拨溜"。

蒸饭注意事项

《酒经》中的"蒸醋糜"指的就是蒸饭，它的目的是使淀粉糊化，因为糊化后的淀粉容易受淀粉酶的水解作用而转化为糖或糊精。古人对于蒸煮时锅内的水是否适宜、火候控制得是否恰当等都有严格要求，同时要保证每一粒米都熟透。现代蒸饭则要求饭粒的完整性，要求米饭蒸熟蒸透，不能有

酿酒之蒸饭

白心。要熟而不糊，透而不烂，外硬内软，疏松均匀。对于蒸煮时间，要根据米的性质、浸米后的含水量、蒸饭设备以及蒸气压力来确定，一般情况下，糯米和精白度比较高的软质粳米，在常压下只要蒸煮 15 ~ 25 分钟即可；而硬质的粳米和籼米则需要适当地延长时间，而且要在蒸煮的时候，淋浇 85 摄氏度以上的热水，以促进饭粒吸水膨胀，从而达到更好的糊化效果。

原典

若箅子周遭气小，须从外拨来向上，如鏊背^①相似时。复用气杖子^②试之，扎处若实，即是气流；扎处若虚，必有生米，即用枚子翻起、拨匀，候气圆，用木拍或席盖之。更候大气上，以手拍之，如不黏手，权住火，即用枚子搅斡盘摺^③，将煎下冷浆二斗（随棹洒拨，每一石米汤，用冷浆二斗。如要醇浓，即少用水馈，酒自然稠厚），更用棹篦拍击，令米心匀破成糜。缘浆米既已浸透，又更蒸熟，所以棹篦拍著，便见皮拆心破，里外钯烂成糜^④。再用木拍或席盖之，微留少火，泣定水脉^⑤，即以余浆洗案，令洁净。出糜在案上，摊开，令冷，翻梢^⑥一两遍。脚糜若炊得稀薄如粥，即造酒尤醇。搜拌入曲时，却缩水，胜如旋入别水也，四时并同。洗案刷瓮之类，并用熟浆，不得入生水。

注释

① 鏊背：鏊，一种圆形的烙饼炊具。鏊的平面从周边到中心逐渐凸起，称为鏊背。

② 气杖子：测试蒸气是否上下贯通的工具。

③ 搅斡盘摺：搅转盘叠。

④ 钯烂成糜：匀烂成糜。钯同"葩"，华美。

⑤ 泣定水脉：使糜内的水分通过渗透而分布均匀。水脉，指糜中含有的水。

⑥ 翻梢：指翻转。

译文

如果箅子周围的蒸气少，可以从外向里拨，使中间高起就像鏊背一样。蒸米时，要经常用气杖子扎试，如果扎的地方感觉比较实，说明蒸气在流动；如果扎的地方比较虚，说明此处肯定有生米，这时就必须用铲子翻起拨均匀了。等到蒸气多而匀了，立刻用木拍或草席盖好。再等片刻，当大气上来后，就用手拍米，如果感觉不粘手，可以暂时停止烧火，并立即用铲子将米来回搅动。然后将煎好的两斗冷酸浆，随着棹篦慢慢地洒拨在米上（每一石米，用冷浆两斗。如果希望酿出的酒比较醇浓，就少用酸浆，这样酿造出来的酒自然稠厚），接着用棹篦拍击米，让米心匀破成糜。因为酸米已经浸透，再加上蒸熟了，所

古法今观——中国古代科技名著新编

酒经

以用棹箆拍击时，米就会皮烂心破，里外匀烂成糜。再用木拍或草席盖住，稍微留个小火，以便令糜中的水分渗透均匀。再用剩下的酸浆水洗刷干净案板，将糜倒在案板上，摊开，使其变冷，翻转一两遍。如果脚糜蒸得像粥一样稀薄，酿造出来的酒味道就特别醇厚，而且在下一步拌入曲末时还会缩水，这样就胜过另外加水了。以上的做法在四季使用时都相同。但洗案刷瓮之类的，都要用熟浆，切不可用生水。

蒸饭器具

古代酿酒时用甑蒸饭，甑是木制的，其底部有许多孔格，然后置于釜上。蒸饭时为防止米漏入釜中，将甑箅衬在甑的底部，甑箅是一种用薄竹皮编织而成的席子。现代蒸饭，如果是自家少量酿酒，用笼屉蒸即可，在底部铺上一块纱布，以防止米漏入锅里。但若是酒厂，就需要用甑桶或蒸饭机。蒸桶现在一般都是铁制的，也有少数厂家用木制的；而蒸饭机分卧式和立式两类，可以连续蒸饭，不必像古人那样间歇式地蒸饭，从而大大缩短了时间。

民间蒸馏作坊

用 曲

原典

古法先浸曲，发如鱼眼汤，净淘米，炊作饭，令极冷。以绢袋滤去曲滓，取曲汁于瓮中，即投饭。近世不然，炊饭冷，同曲搜拌入瓮。曲有陈新，陈曲力紧，每斗米用十两，新曲十二两、或十三两，腊脚酒[①]用曲宜重。大抵曲力胜则可存留，寒暑不能侵。米石百两，是为气平。十之上则苦，十之下则甘。要在随人所嗜而增损之。

凡用曲，日曝夜露。《齐民要术》："夜乃不收，令受霜露。"须看风阴，恐雨润故也。若急用，则曲干亦可，不必露也。受霜露二十日许，弥令酒香。曲须极干，若润湿则酒恶矣。新曲未经百日，心未干者，须擘破炕焙[2]，未得便捣。须放隔宿，若不隔宿（谓先一日焙过，待火气去，乃用之），则造酒定有炕曲气[3]。大约每斗用曲八两，须用小曲一两，易发无失。善用小曲，虽煮酒亦色白[4]。今之玉友曲用二桑叶者是也。酒要辣，更于酘饭中入曲，放冷下，此要诀也。张进造供御法酒[5]：使两色曲，每糯米一石，用"杏仁罨曲"六十两、"香桂罨曲"四十两。一法：酘酒，罨曲、风曲各半，亦良法也。

注释

①腊脚酒：阴历腊月初八酿的酒。

②炕焙：炕干或焙干。

③炕曲气：指曲有火烤的味道。

④善用小曲，虽煮酒亦色白：如果能很好地使用小曲，造出来的酒即便煮过，也是清亮的。白，清亮。

⑤张进造供御法酒：张进，其人不详。供御法酒，指进奉皇帝的法酒。

译文

古代的方法，先浸曲，让曲发得像鱼眼汤，再淘干净米，蒸成饭，放置冷却。用绢袋滤去曲中的渣滓，然后将曲汁倒入瓮中，开始向里面投饭。近世则并非如此，而是将蒸好的饭放冷后，和曲一起搅拌再倒入瓮中。曲有陈曲和新曲之分。陈曲力道大，每斗米用十两；新曲则需十二两或十三两。酿造腊脚酒用曲应该多一些。一般情况下，曲力比较大的酿造出来的酒就容易存放，不会受寒冷气候变化的影响。每一石米用曲一百两，是最适宜的。每一斗米用曲十两以上，酒的味道就苦；用曲十两以下的，酒的味道就甜。但最重要的还是用曲量要根据个人的口味而增减。

凡用的曲，都需要经过白天的日晒以及夜晚的霜露打过。《齐民要术》说："曲饼夜间不收起，就是为了受霜露的浸润。"但如果刮风下雨还是要收起来，以防被雨水打湿。如果急用，曲干了之后也可以不用经受霜露。让曲经受霜露二十日左右，只是为了让酒闻起来更香。用的曲一定要晒干透，如果湿润了酒的口味不好。新曲如果不经过上百天的存放，心很难干透，这时就需要将其掰开炕干，不能马上捣碎；炕干后还要隔夜放一晚上，如果不隔夜放（指曲饼第一天炕过后，要等到火气散尽，然后再使用），那么造出来的酒就会有炕曲的气味。大约每斗米用大曲八两，就要用小曲一两，这样更容易发好。善于使用小曲，造出来的酒即便煮过，颜色也是清亮的，现在的玉友曲，其中要加两份桑叶，就是这个道理。酒要辣，还要在投入的饭中加上曲，放冷了再下，这是要诀。张进造供御法酒，使用了两种曲，每一石糯米，用杏仁罨曲六十两、香桂罨曲四十两。还有一种方法是，酿酒时，要用罨曲、风曲各一半，这样也不错。

小　曲

小曲酒商标

《酒经》"用曲"一节中提到了"小曲"一词，如"大约每斗用曲八两，须用小曲一两""善用小曲，虽煮酒亦色白"。小曲是酒曲的一种，晋代的时候就已经出现，主要以稻米、高粱为原料制成，多数采用半固态发酵，也有少部分采用固态发酵，比如四川、湖北、云南、贵州等省。由于南方气候温暖，非常适宜小曲酒法生产，因此其主要用于南方的白酒和黄酒，北方的白酒多数采用的是大曲。此外，小曲还分为药小曲和无药小曲，药小曲是指小曲中加入了中草药，无药小曲则没有添加中草药。

原典

　　四时曲粗细不同。春冬酝造日多，即捣作小块子，如骰子或皂子大①，则发断②有力而味醇酽；秋夏酝造日浅，则差细，欲其曲米早相见而就熟③。要之，曲细则味甜美，曲粗则硬辣；若粗细不匀，则发得不齐，酒味不定。大抵寒时化迟，不妨宜用粗曲；暖时曲欲得疾发，宜用细末。虽然，酒人亦不执④。或酝紧，恐酒味太辣，则添入米一、二斗；若发太慢，恐酒甜，即添曲三、四斤。定酒味，全此时，

注释

　　① 如骰子或皂子大：形容曲的大小如骰子或皂子。骰子，一种赌具。皂子，一种植物的果实。

　　② 发断：指发酵。

　　③ 就熟：快熟。就，马上、立刻。

　　④ 不执：不执着、不拘泥。

亦无固必也。供御祠祭用曲，并在酴米内尽用之，酘饭更不入曲。一法：将一半曲于酘饭内分，使气味芳烈，却须并为细末也。唯羔儿酒尽于脚饭内著曲，不可不知也。

译文

一年四季用曲的粗细不同。春季和冬季，由于酿造周期长，因此曲要捣成小块形状，大小就像骰子或皂子，这样才会使发酵有力，并且酿出来的酒味也更醇浓。秋季和夏季，由于酿造周期短，曲就要稍微细一些，这样是为了使曲和米能够更充分地接触，以便让酒成熟得快。总之，曲细酒的味道就甜美；曲粗酒的味道就比较硬和辣；如果曲的粗细不均匀，那么就会因为发酵的不齐整，酒味不定。一般情况下，寒冷的季节发得比较慢，这时可以用粗曲；温暖的季节发得快，适合用细曲末。虽说如此，但酿酒的人不应该拘泥于这个道理。如果酴发得太快，担心酒味太辣，可以添加一两斗米；如果发得太慢，担心酒味太甜，可以添加三四斤曲。确定酒味甜或辣，全在这个时候，但也不是不可变通的。造供御祠祭酒所用的曲，是与酴米合到一起用，这样投饭的时候就不用再加曲了。还有一种方法是，将用曲量的一半取出来加在投饭中，这样就会使酒味芳香浓烈，但需要用研成细末的曲。只有在酿造羊羔酒的时候，曲是全部加在脚饭中的，这个是必须知道的。

散曲和块曲

散曲和块曲是根据酒曲的形状区分的。散曲，指形状为松散状态的酒曲，是用被磨碎或压碎的谷物，在一定的温度、空气湿度和水分含量的情况下，微生物（主要是霉菌）生长于其上而制成的。块曲，是指具有一定形状的酒曲，比如方形、圆形，它的制作是将原料（如面粉、糯米）加入适量的水，揉匀后，填入一个模具中，压紧使其形状固定，然后再在一定的温度、水分和湿度情况下培养微生物。根据《酒经》"用

块 曲

曲"中的记载："春冬酝造日多，即捣作小块子，如骰子或皂子大，则发断有力而味醇酽。"可知，宋代的时候，酒曲形状已为块状。

但中国最早的曲的形状是散曲，不是块曲。后来随着社会的进步，才出现了块曲。为什么要将酒曲制成块状呢？现代科学经过研究发现，由于酒曲上含有细菌、酵母菌、根霉菌等各种微生物，其中根霉菌的酿酒性能比较好，块状酒曲可以使根霉菌生存并大量繁殖，

散 曲

从而提高酒精的浓度，所以才会将酒曲制成块状。当然，古人可能并不完全了解这些科学原理，但他们却通过实践知道，块曲的性能是优于散曲的。

合 酵

原典

北人造酒不用酵，然冬月天寒，酒难得发，多攧了①。所以要取醅面②，正发醅为酵最妙。其法：用酒瓮正发醅③，撇取面上浮米糁，控干，用曲末拌，令湿匀，透风阴干，谓之"干酵"。

凡造酒时，于浆米④中先取一升已来，用本浆煮成粥，放冷，冬月微温。用"干酵"一合、曲末一斤，搅拌令匀，放暖处，候次日搜饭时，入酿饭瓮中同拌。大约申时⑤欲搜饭，须早辰先发下酵，直候酵来，多时发过方可用。盖酵才来，未有力也。酵肥为来，酵塌可用。又况用酵四时不同，须是体衬天气⑥，天寒用汤发，天热用水发⑦，不在用酵多少也。不然，只取正发酒醅二、三杓拌和尤捷，酒人谓之"传醅"，免用酵也。

注释

①攧了：指酒酿不成功。攧，跌、摔。

②醅面：酒醅的表层。

③正发醅：正发酒醅，即已经发起来的酒醅。

④浆米：即酸米。

⑤大约申时：指菌种的扩大培养大约需要九个时辰。

⑥体衬天气：体察和配合天气。

⑦天寒用汤发，天热用水发：天冷的时候用热水发，天热的时候用冷水发。汤，热水。水，冷水。

译文

　　北方人造酒不用酵，但冬天天气寒冷，酒很难发酵，酒一般也酿不成功，所以要取酒醅表面的正发酵做酵是最合适的。其方法是：用酒瓮中的正发酵，掰取上面的浮米碎粒，将其控干，用曲末拌和，使其既湿润又均匀，再放到通风的地方阴干，这被称为"干酵"。

　　一般酿酒的时候，在酸米中先取一升，再用烫米的酸浆将其煮成粥，放冷，冬日微温。用干酵一合、曲末一斤，搅拌均匀，放到温暖的地方，等到第二天拌饭的时候，再放到酿酒的瓮中一起搅拌。这个过程大约需要九个时辰，所以必须用已发好的酵拌饭，这就要求在早晨先发下酵，直到酵发透后才可以用。因为酵刚发起来，其力度不够。酵体膨胀了说明酵已经发起来了，酵体塌陷了说明可以用了。何况一年四季用酵的方法不同，必须观察掌握气候情况，天冷了用热水发酵，天气热了就要用冷水发酵，而不在于用酵多少。如果不这样，也可以取正发酒醅两三勺拌饭，这样更加快捷，酿酒人称这种方法为"传醅"，如果用传醅法就不用酵了。

"合酵"技术

　　"合酵"是《酒经》中的一个专门术语，用现代的话说，就是对酵母菌种的扩大培养，相当于现在的一级种子培养和二级种子培养。这种精细的菌种扩大培养技术，是宋代造酒业技术上的一大进步，说明早在八百多年前，中国人已经认识到"酵"在酿酒过程中的重要作用，并且能够依照季节温度的不同正确使用"酵"，并进行培养。

　　然而，尽管如此，宋代人们对酵母菌这种微生物还是浑然无知的。直到17世纪下半叶，才由荷兰人列文·虎克通过显微镜发现了微生物，其中就包括酵母，他也是第一位看清酵母结构的科学家。19世纪中期，法国著名的生物学家巴斯德最终揭开了酿酒的秘密，原来酒精发酵是由活的酵母菌引起的，此时，人们开始认识到了酵母菌的神奇作用。

酴　米

原典

　　酴米，酒母也，今人谓之"脚饭"。

　　蒸米成糜[①]，策在案上，频频翻，不可令上干而下湿。大要，在体衬天气。

温凉时放微冷，热时令极冷，寒时如人体。金波法：一石糜用麦糵②四两（炒，令冷，麦糵咬尽米粒，酒乃醇酽），糁在糜上，然后入曲酵一处（古人兼用曲糵，但期米烂耳）众手揉之③，务令曲与糜匀。若糜稠硬，即旋入少冷浆同揉，亦在随时相度④。大率搜⑤糜，只要拌得曲与糜匀足矣，亦不须搜如糕糜⑥。京酝（京师酝）搜得不见曲饭⑦，所以太甜。曲不须极细，曲细则甜美；曲粗则硬辣；粗细不等，则发得不齐，酒味不定。大抵寒时化迟，不妨宜用曲，可骰子大；暖时宜用细末，欲得疾发。大约每一斗米使大曲八两、小曲一两，易发无失，并于脚饭内下之，不得旋入生曲。虽三酘酒，亦尽于脚饭中下。计算斤两，搜拌曲糜，匀即般⑧入瓮。瓮底先糁曲末，更留四、五两曲盖面。将糜逐段排垜，用手紧按瓮边四畔，拍令实。中心剜作坑子，入刷案上曲水三升或五升已来，微温，入在坑中，并泼在醅面上，以为"信水"。

下 卷

注释

① 糜：指粥。

② 麦糵：指麦芽。糵，生芽的谷类。

③ 一处众手揉之：指将糜、麦糵、曲、酵放在一起，然后进行揉和。一处，放在一起。众手，多手、合力。

④ 相度：观察估量。

⑤ 搜：用水调和。

⑥ 糕糜：指像年糕一样的糜。

⑦ 不见曲饭：指看不见曲粒和饭粒。

⑧ 般：同"搬"，挪动。

译文

酴米，就是酒母，今人称之为"脚饭"。

将米蒸成糜后，倒在案上，不停地翻动，使其冷透，不能上干而下湿。大体上要根据天气情况来决定，如果天气温凉，可以将糜放到微冷，如果天气炎

酒 糜

热就要放到极冷，而天气寒冷的时候，则必须放到和人的体温差不多的温度。

金波法：一石糜用麦糵四两（炒过以后放冷，麦糵要完全渗入米粒，这样造出来的酒就醇香浓厚），撒在糜上，然后加入曲和酵，一起充分揉和，一定要让曲糜均匀混合。如果糜又稠又硬，可以即刻加入少量冷酸浆一起揉和。同时还要随时观察情况，一般情况下，拌糜时，只要将曲与糜拌匀就可以了，也不用必须调和得像糕糜那样。京师的酝法，是将曲和糜调和到看不见曲粒和饭粒为止，所以其酿造出来的酒就太甜了。曲不用特别细，曲细酒就甜；曲粗了酒就硬辣；曲粗细不等，会因为发得不齐，而使酒味不定。一般情况下，寒冷时米消化得慢，适宜用粗曲，像骰子那样大小；温暖的时候适合用细末，这是希望能很快发起来。大约每一斗米用大曲八两、小曲一两，这样容易发起来，而且要一起下到脚饭中，不能临时加入生曲。虽然是分三次投饭作酒，但也应当将曲全部放在脚饭中。要提前计算好斤量，将曲和糜调和均匀后，就放到酿酒的瓮中。放入的时候，瓮底要先撒一些曲末，再留四五两曲末盖醅面。在瓮中将糜逐段排垛起来，用手紧按瓮边四周，拍压踏实。在糜的中心挖个坑，加入刷案上的曲水三升或五升，曲水要微温的，然后倒入坑中，并泼在醅面上一些，以此作为"信水"。

古今"酒母"的区别

酒母的主要成分是酵母菌，在宋代它的名称为酴米，是用醅糜、酵、曲、酸浆制成的，其中含有酵母菌，所以可以起到酒母的作用。而现代酒母则是纯种培养的酵母菌，它的培养也是一个逐级扩大的过程，一开始采用的是试管培养，然后是烧瓶培养，接着是卡氏罐培养，最后才是现在的种子罐培养。但从本质上来说，现代酒母和古代酒母是一样的，都是发酵而成，只是古代是液体形状，而现代既有液态的，也有固态的。

原典

大凡酝造，须是五更初下手，不令见日，此过度法[①]也。下时，东方未明要了，若太阳出，即酒多不中。一伏时歇[②]，开瓮，如渗信水不尽，便添荐席围裹之。如泣尽信水，发得匀，即用杷子搅动，依前盖之，频频揞汗。三日后，用手捺破头尾[③]，紧即连底掩搅令匀；若更紧，即便摘开[④]，分减[⑤]入别瓮，贵不发过。一面炊甜米[⑥]，便酘，不可隔宿，恐发过无力，酒人谓之"摘脚"。脚紧多由糜热，大约两、三日后必动。如信水渗尽醅面，当心夯起⑦有裂纹，多者十余条，少者五、七条，即是发紧，须便分减。

大抵冬月醅脚厚⑧，不妨；夏月醅脚要薄⑨。如信水未干，醅面不裂，即是发慢，须更添席围裹。候一、二日，如尚未发，每醅一石，用杓取出二斗以来，入热蒸糜一斗在内，却倾取出者，醅在上面盖之，以手按平，候一、二日发动，据后来所入热糜，计合用曲，入瓮一处拌匀，更候发紧掩捺⑩，谓之"接醅"。若下脚后，依前发慢，即用热汤汤臂膊，入瓮搅掩，令冷热匀停。须频蘸臂膊，贵要接助热气。或以一、二升小瓶仁热汤，密封口，置在瓮底，候发则急去之，谓之"追魂"。或倒出在案上，与热甜糜拌，再入瓮厚盖合，且候，隔两夜，方始搅拨，依前紧盖合。一依投抹，次第体当⑪，渐成醅⑫，谓之"搭引"。或只入正发醅脚一斗许，在瓮当心，却拨慢醅盖合。次日发起搅拨，亦谓之"搭引"。

造酒要脚正，大忌发慢，所以多方救助。冬月置瓮在温暖处，用荐席围裹之，入麦麸、黍穰之类，凉时去之。夏月置瓮在深屋底，不透日气处。天气极热，日间不得掀开，用砖鼎足阁起，恐地气，此为大法。

下 卷

注释

①过度法：非正常的方式方法。过度，违反常规的方式方法。

②歇：应为"揭"之误。

③头尾：从头到尾。

④摘开：指取一部分醅到别的瓮中。摘：《广雅》："摘，取也。"

⑤分减：指从中拿出一部分来。

⑥甜米：甜米饭。

⑦夯起：鼓起。夯，充胀、胀满。

⑧厚：醅脚发得紧。

⑨薄：醅脚发得慢。

⑩掩捺：遮盖按压。

⑪一依投抹，次第体当：完全按照下酿操作次序体会。

⑫渐成醅：逐渐成正发醅。

译文

酝造，必须在五更初开始做，不能遇到阳光，这是一种特殊的做法啊。下酿时，天还没亮就要结束，若太阳出来还没有结束，酒一般情况下酿不成。过一晚上揭开瓮，如果信水没有渗完，可以添加草席将瓮围裹起来。如果信水已经渗完，发得又均匀，可以用木棍搅动，之后仍然盖住，要不停地擦去表面的水珠。三天后用手按破醅面，如果从头到尾都发得紧，就连底翻搅使之均匀。如果特别紧，就要将糜取出一部分放到别的瓮中，最重要的是不要发过了头。与此同时，蒸甜米饭投料，不可隔夜，因为可能脚醅发得太过而力道不够，酿酒的人称此为"摘脚"。脚发得紧多半是因为糜太热，两三天后必然酸败。如果信水已经渗尽，醅面中心部位鼓胀起来，且有裂纹，裂纹多的达十余条，少的也有五到七条，这就是发得太紧了，必须分开放到别的瓮中酿造。

大致冬天酿酒，醅脚发得紧些没有什么大的关系；夏天酿酒，醅脚就要发得慢些。如果信水还没有干，醅面也不裂，说明发得慢，需要再添加草席围裹住瓮。过一两天，如果还没有发起来，则每一石醅用勺取出两斗，加入热蒸糜一斗，然后将取出来的醅盖在上面，用手按压平整。过一两天便会发起来，并根据后来加入的热糜数量，计算出所需的用曲量，将曲加到瓮中一起搅拌均匀。再等到发紧了，盖好按压平整，这叫作"接醅"。如果投下饭料后，依然和以前一样发得慢，就用热汤烫臂膀，然后伸到瓮中翻搅，使其冷热均匀。而且要不时地用热汤蘸臂膀，为的就是用这种方法来接助热气。或者在一两升大小的小瓶里面放入热汤，将瓶口密封，放在瓮底，等到发紧了再拿掉小瓶，这叫作"追魂"。或者把脚醅倒在案上，与热甜糜搅拌混合，再倒回瓮里面，盖严实。过两个晚上，再搅拌拨动，拌完后仍然用厚厚的草席围裹住瓮。不断投料察看，酒醅就会慢慢成熟，成为正发醅，这叫作"搭引"。或者只加入正发醅脚一斗，放到瓮的中心，再把发得慢的醅拨来盖在上面，第二天发起来，进行搅拨，这也叫"搭引"。

造酒脚醅要正，特别忌讳发得慢，所以要多方救助。冬天把酿酒的瓮放到温暖的地方，用草席围裹起来，并加入麦麸、黍穰之类，凉了以后再去掉。夏天把酿酒的瓮放到屋内不透风也不见光的地方。天气特别热的时候，白天不要掀开。放置时，要用砖将瓮的鼎足架起来，以免受到地气伤害。这是最基本的法则。

绍兴摊饭酒

根据《酒经》中对"酴米"制作过程的描述，其与现在的绍兴摊饭酒的酿造方法是相同的。"摊饭酒"又称"大饭酒"，是指将蒸熟的米饭摊在竹篾上，当米饭在空气中冷却后，再加入麦曲、酒母（淋饭酒母）、浸米浆水等，混合后直接入瓮发酵。"摊

酿制摊饭酒

饭酒"这一名字，就是因为其采用的是将蒸熟的米饭倾倒在竹篦上摊冷的操作方法，才这么称呼的，而这一过程也被称为"摊冷"。

之所以将蒸熟的米饭摊在竹篦上，是为了使其冷却下来，但这样既占场地，速度又慢，所以现在为了加快生产进度，酒厂都改用鼓风机吹冷，这也是对传统摊饭酒的制作改进的一大方面。

蒸甜糜

原典

不经酸浆浸，故曰甜糜①。

凡蒸酘糜，先用新汲水浸破米心，净淘，令水脉微透②，庶蒸时易软（脚米走水淘，恐水透，浆不入，难得酸。投饭不汤③，故欲浸透也），然后控干。候甑气上，撒米装。甜米比醋糜慝利易炊。候装彻气上，用木篦、杴、帚掠拨甑周回生米，在气出紧处，掠拨平整。候气匀溜，用篦翻搅，再溜，气匀，用汤泼之，谓之"小泼"；再候气匀，用篦翻搅，候米匀熟，又用汤泼，谓之"大泼"。复用木篦搅斡，随篦泼汤，候匀软，稀稠得所，取出盆内，以汤微洒，以一器盖之。候渗尽，出在案上，翻梢三两遍，放令极冷（四时并同）。其拨溜盘棹④并同"蒸脚糜法"。唯是不犯浆，只用葱、椒、油、面，比前减半，同煎，白汤⑤泼之，每斗不过泼二升。拍击米心，匀破成糜，亦如上法。

注释

① 不经酸浆浸，故曰甜糜：据《四库》补入。甜糜，指用没有经过酸浆浸泡的米蒸成的糜。

② 水脉微透：水分稍微充足点。

③ 投饭不汤：指用来制造甜糜的米未经烫米。

④ 其拨溜盘棹：指蒸米过程的操作。

⑤ 白汤：白开水，此处煎时加入了葱、椒、油、面。

译文

用没有经过酸浆浸泡的米蒸成的糜，称为甜糜。

大凡蒸投糜，需要先用新打来的水浸透米心，淘洗干净，淘洗的时候水要稍微多点儿，这样是为了蒸的时候容易软（做脚饭的米用流水淘洗，是怕米被水浸透，酸浆不容易进入米心，这样米就不容易酸。而投饭因为没有经过烫米这个环节，所以要用水先将米浸透），然后控干。等到甑中的蒸气上来，就将米撒装到上面。甜米比醋米松散更容易蒸熟。等到撒装完后，蒸气上来了，再用木篦、米铲子将甄周围的生米拨到蒸气透出的地方，并且要拨拉平整。等到蒸气均匀了，用木篦把米搅拌后再次蒸炊。再次等到蒸气均匀，用白汤泼米，这叫作"小泼"。过段时间，蒸气又匀了，再用木篦翻搅，等到每个米粒都熟了，再用白汤泼，这叫作"大泼"。大泼后用木篦再次翻搅，并随着木篦的搅动不时泼洒白汤。当米粒都匀软了，且稀稠适中，取出来放到盆内，稍微洒点白汤，盖住盆口。等到白汤都渗到米饭里，将其倒在案上，翻两三遍，放到冷却（这种做法四季都一样）。蒸甜糜时的拨溜盘折等操作手法，和蒸醋糜法是一样的，只不过蒸甜糜不用酸浆，只在水中加入葱、椒、油、面一同煎，其用量比煎浆时减一半，将这些煮成的"白汤"泼洒到蒸米上。每斗米只要泼两升白汤就可以。最后拍击蒸米，使米心匀烂成糜，这和做醋糜的方法也是一样的。

蒸甜糜和醪糟

《酒经》中的"蒸甜糜"，就是将米蒸熟，然后拍击成糜，由于其所用的米不需要经过酸浆浸泡，所以称为"甜糜"。其操作方法与现在的醪糟相似。

醪糟在中国很多地方都有制作，但做法上有一定区别，其中陕西的醪糟做法与宋代的"蒸甜糜"最相似。陕西的醪糟是将糯米泡到一个

醪　糟

干净的水缸内，放入水，以淹没米为标准，夏天浸泡八个小时，冬天浸泡十二个小时。当米心泡软后，水控干，再用笼屉蒸半个小时，然后用凉水反复冲浇，当温度降至3摄氏度以下时，再控水，并散置到案面上拌上糯米粉，再装入缸内，上面拍平，然后用木棍在中间由上到下戳一个直径约半寸的洞。最后，用草垫盖上，并将水缸围上草圈，这样放三天三夜后就做成功了。二者在酿制过程中，都需要反复用水泼，米在浸泡时需要"浸透米心"，虽然二者并非同一物质，但如今，"蒸甜糜"我们已无法再品尝到，而与其相似的醪糟却是到处可以买到的，所以也不用太遗憾。

投醹

原典

投醹最要厮应①，不可过，不可不及。脚热发紧，不分摘开，发过，无力方投，非特酒味薄、不醇美，兼曲末少，咬甜糜不住②，头脚③不厮应，多致味酸。若脚嫩、力小，酘早，甜糜冷，不能发脱，折断多致涎慢，酒人谓之"擞了"。须是发紧，迎甜便酘，寒时四、六酘，温凉时中停酘，热时三、七酘。《酝法总论》："天暖时，二分为脚、一分投；天寒时中停投；如极寒时一分为脚、二分投；大热或更不投。"一法：只看醋脚紧，慢加减投，亦治法也。若醋脚发得恰好，即用甜饭依数投之（若用黄米造酒，只以醋糜一半投之，谓之"脚搭脚④"。如此酝造，暖时尤稳）。若发得太紧，恐酒味太辣，即添入米一、二斗；若发得太慢，恐酒太甜，即添入曲三、四斤，定酒味全在此时也。

四时并须放冷。《齐民要术》："所以专取桑落时造者，黍必令极冷故也。"酘饭极冷，即酒味方辣，所谓偷甜也。投饭，寒时烂揉⑤，温凉时不须令烂，热时只可拌和停匀，恐伤人气。北人秋冬投饭，只取脚醋一半，于案上共酘饭一处，搜拌令匀，入瓮却以旧醋盖之（缘有一半旧醋在瓮）。夏月，脚醋须尽取出案上搜拌，务要出却脚糜中酸气。一法：脚紧案上搜，脚慢瓮中搜，亦佳。

注释

① 投醹最要厮应：投醹最重要的是脚饭和甜糜能够相互接应。醹，醇厚的酒。厮应，互相接应。

② 咬甜糜不住：指曲力小，难以消化甜糜。

③ 头脚：头，指再投的饭料。脚，脚饭。

④ 脚搭脚：因为酘米是用醋糜（脚饭）酿造的，又加入醋糜（脚饭）补料酿酒，这就是"脚搭脚"。

⑤ 烂揉：指甜糜与脚饭揉到极均匀。烂，程度极深。

译文

投醹最重要的是脚饭和甜糜能够相互接应，脚饭发的不能过，也不可不及。脚饭发酵旺盛时，如果不将其分到别的瓮中酿造，等到发过无力再投甜糜，不但没有什么酒味，不醇美，而且因脚饭中曲末量少，难以消化甜糜，这样甜糜和脚饭就无法互相接应，经常导致味酸。如果脚饭还没发好，就早早地投醹，甜糜会因为温度低而发不起来，发到中途而停止，从而导致臭败，酿酒的人称此为"擞了"。所以必须在脚饭发酵旺盛的时候，立刻投甜糜。寒冷的时候，按四六比例投；

温凉的时候，按五五比例投；热的时候，按三七比例投。《酝法总论》说："天暖时，二分为脚，一分投；天冷时，中停投；如果特别寒冷时，一分为脚，二分投；大热时就不再投了。"有一种方法是，只根据脚饭发得紧慢加减所投甜糜，这也是一种好的方法吧。如果醋脚发得正好，就用甜糜按照上面所述的比例投（如果用黄米造酒，只按醋糜的一半量投，这被称为"脚搭脚"。这样的酿造方法，天气温暖时最稳当）。投醹后如果发得太紧，担心酒味太辣，就添加一两斗甜米；如果发得太慢，担心酒味太甜，就添加三四斤曲。决定酒的味道全在这个时候啊。

投入的甜糜一年四季都要放冷，《齐民要术》中说："之所以选取桑叶掉落的时候造酒，是因为一定要让黍米极冷。"投饭冷透了，造出来的酒才有辛辣味道，这就是所谓的投醹"偷甜"。投饭时，寒冷季节要与脚饭揉得特别均匀，温凉时则不需要太均匀，热时则只要拌和匀停就可以了。北方人在秋冬季节投饭时，只取脚醋的一半，然后放到案上与投饭一起搅拌均匀，之后再倒入另一只瓮里，并用旧醋盖到上面（因为有一半旧醋仍留在原来的瓮里）。夏天则需要将脚醋全部取出来，在案上拌和，这时一定要除去脚糜中的酸气。还有一种方法是，脚醋如果发得紧，就在案上拌和，如果发得慢，就在瓮中拌和。

桑落酒

桑落酒

《酒经》"投醹"引用《齐民要术》说："所以专取桑落时造者，黍必令极冷故也。"意思是之所以选在桑叶落的时候造酒，是因为一定要让黍米冷透的缘故。桑叶落是在秋冬时节，这个时节造酒，气温适宜，酒的品质最为优良，所以古人称之为桑落酒。但"桑落"一词开始只是一个时间概念，后来成为酒的通名，而并非指某种酒或某个地区的酒的专名，再后来才逐渐成为一类酒的名字。

桑落酒原产地在蒲州，即今天的山西省永州市，其始酿者为北魏时期的蒲州人刘白堕。这种酒曾为宋代御酒，为传统名酒，但到明末清初时，制法就失传了。1979年，永州市为了重现这种传统名酒，广泛收集资料，并根据《齐民要术》中记载的方法，试验成功，并于次年成立了桑落酒厂。但现在的桑落酒是将古法与现代酿酒技术相结合的产物，属于蒸馏酒，与古代只经过发酵而成的桑落酒是有区别的。

原典

寒时用荐①盖，温热时用席。若天气大热，发紧，只用布罩之。逐日用手连底掩拌，务要瓮边冷醅来中心。寒时，以汤洗手臂助暖气；热时，只用木杷搅之。不拘四时，频用托布抹汗。五日已后，更不须损掩也。如米粒消化而沸未止，曲力大，更酘为佳。（《齐民要术》："初下用米一石，次酘五斗，又四斗，又三斗，以渐待米消即酘，无令势不相及。味足沸定为熟，气味虽正，沸未息者，曲势未尽，宜更酘之，不酘，则酒苦薄矣……第四、第五、第六酘，用米多少，皆候曲势强弱加减之，亦无定法，惟须米粒消化乃酘之……要在善候曲势：曲势未穷，米粒已消，多酘为良……世人云：米过酒甜，此乃不解体候②耳。酒冷沸止，米有不消化者，便是曲力尽也。"）若沸止醅塌，即便封泥，起，不令透气。夏月十余日，冬深③四十日，春秋二十三四日，可上槽④。大抵要体当天气冷暖与南北气候，即知酒熟有早晚，亦不可拘定日数。酒人看醅生熟，以手试之。若拨动有声，即是未熟；若醅面干如蜂窠眼子，拨扑⑤有酒涌起，即是熟也。

供御祠祭：十月造酘后二十日熟；十一月造，酘后一月熟；十二月造酘，后五十日熟。

注释

① 荐：草垫子。

② 体候：体察火候，即体察曲势的强弱。

③ 冬深：严冬。

④ 上槽：上槽压榨。槽是压榨设备。

⑤ 拨扑：拨动拍打。

译文

寒时用草覆盖瓮，温热时用席子盖瓮，如果天气极热，脚醅发得很紧，只要用布罩住就可以。每天用手连底翻搅，一定要将瓮四周的冷醅拨拉到中心部位。寒冷时，要用热水洗过的手臂搅动，这样可以添助暖气，热时用木棍搅动即可。不管哪个季节，都要不时地用托布抹去醅上的水。五天以后，就不用再翻搅了。如米粒已被消化而沸涌未止，这是因为曲力大，需要再投入甜米。（《齐民要术》说："第一次投饭用米一石，第二次投饭用米五斗，第三次投饭用米四斗，第四次投饭用米三斗，这样只要米被消化了就投，不能让曲力达不到很好地消化米的程度。酒味足了，且不再沸涌了，就表明酿成功了。酒的气味虽正，但还在沸涌，这是因为曲力未尽，应该再投米，不投米酒的味道就会淡薄、发苦……第四、第五、第六投，用米多少，要根据曲势的强弱而随时加减，并没有特别的规定，只要米粒消化了就投米……一定要善于观察曲势情况：曲力还没有消尽，米粒就已经消化，要多投才可以……世人说：米过酒甜，这其实是不懂得根据曲势强弱来决定投米数量的说法。瓮中的酒液已经冷了，而且也不再沸涌，米还有不消化的，这说明曲势已消耗尽了。"）如果不再沸涌且醅体塌陷了，就用泥将瓮密封、存放起来，不要透气。夏天存放十来天，深冬存放四十天，春秋存放二十三或二十四天，就可以上槽压榨了。大抵要体察天气冷暖和南北气候的不同，就能明白酒熟有早晚，也不一定必须限定天数。酿酒的人查看醅的生熟，是用手试验，如果拨动有声，就是还没有熟；如果醅面干得像蜂窝眼，拨动拍打时有酒涌起，这就是熟了。

造供御祠祭酒时，十月造酒投米，之后二十天内酒酿成熟；十一月造酒投米，之后一个月内酒酿成熟；十二月造酒投米，之后五十天内酒酿成熟。

黄酒酿造看时节

《酒经》"投醭"一节中引用了大量的《齐民要术》中的有关论述，意在说明，酿酒时要多投，投时一定要注意时节，秋冬季节为佳，并引用贾思勰有关"专取桑落时造"的论述予以证明。现在酿造黄酒时，不论北方还是南方，都仍然采用冬酿。比如河南、山东等地都是上冬的时候就开始煮酒了，江浙地区则每年在立冬节气开始投料发酵，甚至将立冬这一天设为黄酒开酿节。

为什么要在气温低下的季节开始酿造黄酒呢？因为秋末初冬时节，自然气温比较低，环境中的杂菌、微生物数量少，同时低温又可以抑制杂菌的生长，这样就有利于酵母等微生物的培养繁殖，酿造出的黄酒品质比较高。所以，上乘、高质量的黄酒必须在这个时节酿制，而且最好是手工酿制，机器酿制出来的发酵时间短，酒质一般。

黄酒开酿仪式

酒 器①

原典

东南多瓷瓮，洗刷净便可用。西北无之，多用瓦瓮。若新瓮，用炭火五、七斤罩瓮其上，候通热，以油蜡遍涂之；若旧瓮，冬初用时，须薰过。其法：用半头砖镣脚安放②，合瓮砖上，用干黍穣文武火③薰，于甑釜上蒸，以瓮边黑汁出为度，然后水洗三、五遍，候干用之。更用漆之，尤佳。

注释

① 酒器：指酿酒、发酵用的器具。

② 镣脚安放：鼎足安放。镣脚，酒镣的足。镣，酒镣，古代一种三足的温酒器。

③ 文武火：文火与武火。文火，火力小而弱。武火，火力大而猛。

译文

中国东南部的地方瓷瓮比较多，只要洗刷干净就可以用。而西北地方没有瓷瓮，所以酿酒一般用瓦瓮。如果是新的瓦瓮，用炭火五到七斤，将瓮放在上面，等到烧得整个瓮身都热了，再用油蜡整体涂一遍就可以用。如果是旧瓦瓮，初冬时节用的时候，必须薰过，其方法为：用半头砖支成三只脚，然后将瓮倒扣在砖上，再用干柴火文武火薰过，之后在甑锅上蒸，当瓮边出现黑汁后停止薰，之后用水洗三五遍，干了后就可以用了。如果用漆漆一遍，那就更好了。

古今黄酒发酵器具

酿黄酒：做淋饭

《酒经》中"酒器"指的就是发酵、酿酒用的瓮器。传统发酵法使用的发酵器有陶缸、瓦缸、泥窖、石窖等，但主要为陶缸和瓦缸。如今仍有很多厂家使用瓦缸发酵，但更多的是使用金属发酵罐，比如铁桶、铁罐等。在后酵制作方面，传统的后酵是将酒醅灌入到小口的酒坛里面，现在已发展为大型后酵罐，并运用了碳钢涂料技术，同时采用了低温处理。不过，在酒的风味方面，还是传统的陶缸和瓦缸发酵得更好。

缸酿黄酒

上　槽

原典

造酒，寒时须是过熟，即酒清数多，浑头白醛①少；温凉时并热时，须是合熟②便压，恐酒醅过熟，又糟内易热③，多致酸变。大约造酒，自下脚至熟，寒时二十四、五日，温凉时半月，热时七、八日，便可上槽。仍须匀装停铺，手安压板，正下砧、簟④。所贵压得匀干，并无箭失。转酒入瓮，须垂手倾下，免见濯损酒味⑤。寒时用草荐、麦麸围盖，温凉时去了，以单布盖之，候三、五日，澄折⑥清酒入瓶。

注释

① 浑头白醛：指白色的、难以除去的不溶物。

② 合熟：全熟。合，全部、整个。

③ 糟内易热：酒醅装在压槽中，容易生热。糟，酒醅。

④ 正下砧、簟：捣衣石和竹席要放正。砧，捣衣石。簟，竹席。

⑤ 须垂手倾下，免见濯损酒味：需要很顺溜地倒下去，以免损失了酒味。

⑥ 澄折：先将溶液澄清，再将其上清部分倒入另一个容器中澄清，如此反复进行。澄：让水中杂质沉淀下来。折，反复。

译文

酿造酒的时候，若天气寒冷必须熟透了再压滤，这样造的酒清淳且量多，白色浑浊物少。温凉及热时，必须熟了就压滤，这是怕酒醅熟透了，再加上压榨时槽内容易发热，很容易导致酸变。大约造酒自下脚至成熟，寒冷时需要二十四或二十五天，温凉时则需要半个月，热的时候只需七八天就可以上槽压榨了。压榨时要匀装平铺酒醅，手按压板，将捣衣石和竹席放正，就要紧的就是要压得均匀干净，且酒没有溅失。当将酒移入瓮中时，要垂低手来倾倒，以免损失了酒味。寒冷的时候，酒瓮要用草席或麦麸围盖；温凉的时候去掉草席，只用单布盖住即可。过三五天，将酒澄清后装入瓶里。

黄酒压榨设备

《酒经》中"上槽"一节讲述了宋代酒的压榨设备——槽。槽是木制的，其主体设备为压槽，附属设备有三个：一个是"箪"，即竹席，一个是压板，一个是砧，整体设置比较简单。而现在大部分黄酒生产厂家采用的是机器——压榨机。压榨机相比于传统的木榨在出酒速度上遥遥领先，但木榨出的黄酒品质更好，二者可

现代黄酒压榨机

以说各有优劣。但在如今讲求速率的社会，机械化程度越来越高，传统的木榨终有一天会消失在历史中。

收 酒

原典

上榨以器就滴，恐滴远损酒，或以小杖子引下亦可。压下酒，须先汤洗瓶器，令净，控干。二、三日一次折澄，去尽脚[①]，才有白丝即浑[②]，直候澄折

得清为度，即酒味倍佳，便用蜡纸封闭。务在满装，瓶不在大，以物阁起，恐地气发动酒脚③，失酒味，仍不许频频移动。大抵酒澄得清，更满装，虽不煮④，夏月亦可存留（内酒库：水酒夏月不煮，只是过熟上榨，澄清，收）。

注释

① 脚：指酒糟。

② 才有白丝即浑：只要有一点点白丝酒就显得浑浊。才，仅、只。

③ 酒脚：发酵后酒中残留的细小的固体形状的物体。

④ 煮：指煮酒。

译文

　　上槽榨酒时，要将用来盛酒的容器口放到靠近滴酒的地方收酒，这样做是防止酒滴离容器太远而损失酒，也可以用一个小木棍将酒引到收酒的容器中。收酒的时候，一定要先烫洗收酒的瓶器，使其洁净干燥。装到瓶中的酒，两三天就要澄清一次，以去尽沉淀物，因为里面只要有一点点白丝，酒就会浑浊，因此要澄到清为止，这样酒的味道才会更好。酒澄清后用蜡纸将瓶器口封闭，酒一定要装满。装酒的瓶器不管大还是小，都必须垫上东西搁起来，这样是为了防止地气引动酒脚，使酒味受到损失。也不要经常移动瓶器。总体上来说，只要酒澄得清，又装得比较满，即便是不煮，夏天也可以存放（内酒库的水酒，夏天不煮，只是过熟，上榨澄清后就收起来了）。

古今酒的储存

　　"收酒"是宋人酿酒的最后一道工序，即对酒的储存。宋人在保存之前，会先将酒澄清，消除其浑浊物，等酒清澈后再密封到酒坛中储藏起来。这种原理如今仍在使用，

坛装储存

即通过超滤技术，用孔径极细微的膜，将酒中的细菌过滤去除之后保存。对于黄酒的储存，厂家一般仍选择传统的陶坛和泥头封口法，这种方法虽然古老，但直到今天仍被证明是最佳的。而白酒储存，如果是大量的，比如酒厂，和黄酒一样，也是将陶坛密封存放。少量的可选择瓶装，瓶口也要严密，以防漏酒和"跑度"。

煮 酒

原典

凡煮酒，每斗入蜡①二钱、竹叶五片、官局、天南星丸半粒，化入酒中，如法封系，置在甑中（第二次煮酒②不用前来汤，别须用冷水下）。然后发火，候甑箪上酒香透。酒溢出倒流，便揭起甑盖，取一瓶开看，酒滚即熟矣，便住火，良久方取下，置于石灰中，不得频移动。白酒③须泼得清，然后煮，煮时瓶用桑叶冥之④（金波兼使白酒曲，才榨下槽，略澄折二、三日便蒸，虽煮酒亦色白）。

注释

① 蜡：蜜蜡。

② 煮酒：蒸酒，用加热的方法灭菌，以延长保质期。

③ 白酒：一种无色透明的酒，和现代的白酒不同。

④ 冥之：即覆盖。

译文

一般煮酒时，每斗酒需要加入蜡二钱、竹叶五片、官局和天南星丸半粒，溶入酒中，然后按照常用的方法封住瓶口，放到甑中（第二次煮酒不要用以前用过的热水，要另选冷水），然后点火加热。等到甑箪上的酒香透出来、瓶口有酒溢出的时候，可以揭起甑盖，取一瓶打开看，如果酒沸腾就是熟了，这时要停止加热。过一段时间取下来，放到石灰中，不要频繁地移动。白酒要澄清了再煮，煮的时候要用桑叶盖上（兼用了金波曲、白酒曲酿成的酒，上槽压榨后，取下再略微澄清两三天，再蒸，酒要煮至白色）。

古今白酒之不同

《酒经》中说："金波兼使白酒曲，才榨下槽，略澄折二三日便蒸，虽煮酒亦色白""善用小曲，虽煮酒亦色白"，这里提到的白酒其实是发酵酒，也就是蒸酒，是用装酒的瓶器放到甑中蒸到沸腾为止，然后再加热灭菌，以方便存放和延长其保质期。一直到元代之前，中国人饮用的都是发酵酒，这种酒是一种无色透明的酒，它的度数很低，最多不超过二十度，大部分都是十几度或不到十度。

现代白酒是蒸馏酒，古代白酒是没有经过蒸馏的。蒸馏酒度数偏高，入口辛辣，喝了使人感觉浑身发热，这种酒是从元朝兴起的。因为元朝的统治者居住在气候寒冷的北方草原地带，为了保暖他们必须喝高浓度的酒。

老酒坊

火迫酒

原典

取清酒澄三、五日后，据酒多少，取瓮一口，先净刷洗讫，以火烘干。于底旁钻一窍子，如筋粗细，以柳屑子定。将酒入在瓮，入黄蜡半斤，瓮口以油单子①盖系定。别泥一间净室，不得令通风，门子可才入得瓮。置瓮在当中间，以砖五重衬瓮底，于当门里著炭三秤笼，令实，于中心著半斤许，熟火②，便用闭门。门外更悬席帘，七日后方开，又七日方取吃。取时以细竹子一条，头边夹少新绵③，款款抽屑子，以器承之，以绵竹

译文

取清酒澄清三五天后，根据酒的多少选取一口瓮，将其洗刷干净，然后用火烘干。在瓮底旁边钻一个像筷子粗细的小孔，用柳木塞子将其塞住。接着，将酒倒入瓮中，加入半斤黄蜡，瓮口用油纸盖住并系紧。另外用泥糊一间干净的屋子，不能让它通风，门的大小只能进入瓮。然后将瓮放在屋子的中间，再用五层砖垫到瓮的底部。在对着门的地方放三称炭，堆实了，在炭的中心放半斤炭火，等火烧旺后，关上门，门外挂上席帘。七天后才可

子遍于瓮底搅缠，尽著底，浊物清，即休缠，仍塞了（先钻窍子，图取淀浊易耳）。每取时、却入一竹筒子，如醋淋子[④]，旋取之。即耐停不损，全胜于煮酒也。

注释

① 油单子：涂油的布，可以用来防雨。

② 熟火：木炭烧透后的文火。

③ 绵：蚕丝结成的片或团。

④ 醋淋子：制醋时用的一种过滤用具。

以开门，再过七天就可以饮用了。取酒时用细竹子一条，头上夹少量新棉，然后缓缓地抽掉瓮底的柳木塞子，下面用器物承接瓮中的酒。再用夹着新棉团的竹条在瓮底搅缠，直到将瓮底的浊物清除干净为止，仍用柳木塞子塞好（先钻一个小孔，是为了方便清除瓮中沉淀物）。每次取酒时，插上一个像醋淋子一样的竹筒子，以方便取用。这样酒的味道经久不损，完全胜过煮酒啊。

火迫酒和烧酒

根据《酒经》中对"火迫酒"的描述，其是用加热方法酿制的，所以有人认为它和烧酒是不是有一定的关系。二者确实有关系。烧酒一词首次出现是在唐代的文献中，比如白居易的"荔枝新熟鸡冠色，烧酒初开琥珀香"，雍陶的"自到成都烧酒熟，不思身更入长安"等，从唐代《投荒杂录》中记载的烧酒的制法看，烧酒是通过加热来促进酒成熟，提高酒质，这与火迫酒的制作是一样的，因此二者是一种酒，只是叫法不一样。但古代无论烧酒还是火迫酒，它们都属于发酵酒，而现代的烧酒，虽然也叫烧酒，却属于蒸馏酒，它们在工艺上是完全不一样的，只不过在严格意义上的蒸馏酒出现之前，唐宋时期的烧酒或火迫酒在纯度上是相对比较高的。

制作烧酒的工具：蒸馏锅

曝酒法

原典

平旦①起，先煎下甘水②三、四升，放冷，著盆中。日西将衡正纯糯③一斗，用水净淘，至水清，浸良久方漉出，沥令米干④，炊，再馏饭约四更饭，熟，即卸在案桌⑤上，薄摊，令极冷。昧旦⑥日未出前，用冷汤二碗拌饭，令饭粒散不成块。每斗用药二两（玉友、白醪、小酒、真一曲同），只槌⑦碎为小块并末，用手糁拌入饭中，令粒粒有曲，即逐段拍在瓮四畔，不须令太实，唯中间开一井子，直见底。却以曲末糁醅面，即以湿布盖之，如布干，又渍润之（常令布湿，乃其诀也。又不可令布大湿，恐滴水入）。候浆来井中满，时时酌浇四边，直候浆来极多，方用水一盏，调大酒曲一两，投井浆中，然后用竹刀界醅，作六、七片，擘碎番转（醅面上有白衣宜去之），即下新汲水二碗，依前湿布罨之，更不得动。少时自然结面，醅在上，浆在下。即别淘糯米，以先下脚米算数（天凉对投，天热半投），隔夜浸破米心，次日晚夕⑧炊饭，放冷，至夜酘之（再入药二两）。取瓮中浆来拌匀，捺在瓮底，以旧醅盖之，次日即大发。候酘饭消化，沸止方熟，乃用竹篘篘⑨之。若酒面带酸，篘时先以手掠去酸面，然后以竹篘插入缸中心取酒。其酒瓮用木架起，须安置凉处，仍畏湿地。此法夏中可作，稍寒不成。

注释

① 平旦：黎明。

② 甘水：好水。

③ 衡正纯糯：真正的纯糯。衡，真、纯。

④ 沥令米干：控干水分。

⑤ 案桌：狭长的桌子。

⑥ 昧旦：拂晓、破晓。

⑦ 槌：敲打。

⑧ 晚夕：傍晚。

⑨ 竹篘篘：将竹篘插入到缸的中心取酒。竹篘，一种竹制的滤酒器具，形状像竹筐，比较细密。

译文

清晨起来，先选三四升好水，烧开，然后放冷，置于盆中。等到太阳偏西了，选用纯糯米一斗，用水淘洗至水清，再浸泡一段时间捞出，控干水分，上甑蒸约四更的时间，等到饭熟后放到桌子上，摊薄使其冷透。在第二天太阳未出来前，用冷开水两碗拌饭，让饭粒散开，不要结成块。每斗米用药曲二两（与玉友曲、白醪曲、小酒曲、真一曲相同），将其打碎为小块和末，用手洒拌入饭中，让每粒米都粘有药曲，然后逐段拍在瓮的四周，不用拍得太结实，然后在中间挖开一个竖井，一直见底，再将曲末洒在醅面上，用湿布盖好。如果布干了，再用水润湿（让布保持湿润是诀窍。但又不能让布太湿了，以防止水滴入其中）。等到浆水下来，竖井中的浆水都满了，要不时用浆水酌浇四边，一直等到浆水下来得非常多，再用水一碗，调和大酒曲一两，投到溢满浆水的竖井中，然后用竹刀将醅面划分成六七片，掰碎后翻转（醅面上有白衣应该去掉）。然后倒入新打来的水两碗，像前面那样用湿布盖住，之后就不要再翻动。过一会儿会自然结面，醅面在上，浆在下。此时，再另外淘洗一些糯米，按照先前所下脚米的数量计算（天凉时，数量要对等，天热时，数量要减半），隔夜浸破米心，第二天傍晚蒸成饭，然后放冷，等到晚上，再投到瓮中（这时要再加入二两曲）。投的时候，要先取瓮中的浆水拌匀，然后按在瓮底，再用上面的酒醅盖住，第二天就会完全发酵。等到投入的饭被消化了，且不再冒气泡的时候，就表示酒酿熟了，这时用竹篘取酒。如果酒面带有酸味，取酒时要先用手掠去酸面，然后再用竹篘插入瓮中心取酒。装酒的瓮要用木架架起来，放置到凉爽的地方，因为酒瓮怕湿地。这种方法只适用于夏季，天气稍冷就酿不成功了。

曝酒法

竹 篘

竹篘，也称酒篘，是一种竹制的滤酒器具，其形状看起来就像竹筐，但比竹筐编织得更加细密。在朱肱《酒经》的"曝酒法"中，将竹篘插入到缸的中心取酒，酒就会进入到竹篘中，而酒糟则被阻隔在竹篘外，从而起到过滤的作用。竹篘主要用于发酵法制作压榨酒，现在的蒸馏酒并不需要这种过滤器，但若是黄酒、米酒，传统做法仍会用到。

白羊酒

原典

　　腊月，取绝肥嫩羯[①]羊肉三十斤（肉三十斤，内要肥膘十斤），连骨使水六斗已来，入锅煮肉，令极软。漉出骨，将肉丝擘碎，留着肉汁。炊蒸酒饭时，匀撒脂肉于饭上，蒸令软。依常拌搅，使尽肉汁六斗泼馈了[②]。再蒸良久，卸案上摊，令温冷得所。拣好脚醅[③]，依前法酘拌，更使肉汁二升以来，收拾案上及元压面水，依寻常大酒[④]法日数，但曲尽于酘米中用尔。（一法：脚醅发只于酘饭内，方煮肉取脚醅一处，搜拌入瓮。）

注释

　　① 羯：公羊。

　　② 泼馈了：泼香了。馈，食物的香气。

　　③ 脚醅：预先制好的酘米。

　　④ 大酒：指在腊月酿造等到第二年夏天出瓮的酒。

译文

　　腊月的时候，选取非常肥嫩的公羊肉三十斤（肉三十斤，内中要有肥膘十斤），连骨头一起放入锅中，再将六斗水倒入锅中，然后加火煮。当肉煮到极软时，捞出锅里的骨头，将肉丝掰碎，留下肉汁。然后蒸酒饭，将煮好的肉丝均匀地撒在饭上，等到饭蒸软后，依照常法搅拌。

白羊

再将六斗肉汁泼到饭中，使其有香气后再蒸。蒸很长一段时间后将其放在案上摊开，要晾到冷热适中。选择预先制好的酘米，按照前面所说的方法将饭放到其中，并加以搅拌。再用肉汁二升，收拾前面案上摊晾的饭料以及充当压面水。然后依照平常大酒法的天数酿造，但酒曲必须全部用在酘米中。（酿造此酒的另一种方法是：脚醅发起来，只在投饭中煮肉，然后将肉与脚醅一起搅拌，再倒入瓮里酿造。）

羊羔酒

羊羔酒即白羊酒，这种酒起源于汉魏，兴盛于唐宋。唐朝的时候，羊羔美酒还成为了贡品，供皇帝享用，唐玄宗李隆基在给杨贵妃过二十岁生日的时候，就从"沉香亭"贡酒中特意选了"羊羔美酒"以示祝贺。宋朝的苏东坡也曾赞美过羊羔酒："试开云梦羊羔酒，快泻钱唐药王船。"只是当时羊羔酒是官宦人家独享的美味，普通老百姓是无法享用的。清朝后期，羊羔酒因种种原因，曾经一度失传，如今这种酒已经再现于社会，山西就有羊羔酒生产厂家，价格也是面向普通民众的。

羊羔酒的原料主要是米和羊肉，还有一些中药材，将这些放到一起共同酿制而成。由于羊肉性温，具有暖中补肾、开胃健力、温经补血的作用，所以羊羔酒是一种滋补性饮品，适合于冬天饮用。但对于阴虚内热，或者湿热比较重的人，是不适宜饮用的。

地黄酒

原典

地黄[1]择肥实大者，每米一斗，生地黄一斤，用竹刀切，略于木石臼中捣碎，同米拌和，上甑蒸熟，依常法入酝，黄精[2]亦依此法。

注释

[1] 地黄：具有补益功能的中草药，具有滋阴清热、凉血补血的功效。

[2] 黄精：中草药。具有补气、养阴、健脾、润肺等功能。

译文

选择结实肥大的地黄，每米一斗，生地黄一斤，用竹刀将生地黄切开，然后放到木石臼中捣碎，再和米拌到一起，然后放到甑里面蒸熟，依照常用的方法酿造。酿造黄精酒，也按照这个方法。

地黄酒的功效

唐代孟诜在《食疗本草》中说："地黄、牛膝、虎骨、仙灵脾、通草、大豆、牛蒡、枸杞，皆可和酿作酒。"而唐初诗人王绩在《答冯子华处士书》中说："孤住河渚，傍无四邻，闻鸡犬，望烟火，便知息身之有地矣。近复有人见赠五加地黄酒方，及种薯蓣、枸杞等法，用之有效，力省功倍。"由此可知，早在唐代就已有了地黄酒的酿造。另外，地黄酒在唐代已经作为药用，如《太平广记》中《梁新赵鄂》写有："又省郎张廷之有疾诣赵鄂才诊脉，说其疾宜服生姜酒一盏，地黄酒一杯。"

其实地黄酒就是一种药酒，经浸泡而成。因为生地黄味甘苦，性微寒，有养阴生津、清热凉血的作用。将生地黄加上黄酒一起煮，煮成黑色即为熟地黄，熟地黄性微温，有滋肾补血的功效，是中国传统的中药物之一。现在，人们仍主要将地黄酒作为药用。

地　黄

菊花酒

原典

九月，取菊花曝干[①]，揉碎，入米馈[②]中，蒸，令熟，酝酒如地黄法。

未始宗菊责飞蝶

国画菊花

注释

① 曝干：晒干、晾干。
② 米馈：半熟的米饭。

译文

农历九月，取菊花将其晒干并揉碎，再加到半熟的米饭中，蒸熟。酿酒方法与地黄酒的方法相同。

重阳节与菊花酒

菊花酒古称长寿酒，具有养肝、明目、健脑、延缓衰老等功效，在汉魏时期就已盛行饮菊花酒，据《西京杂记》载称"菊花舒时，并采茎叶，杂黍为酿之，至来年九月九日始熟，就饮焉，故谓之菊花酒"。由于菊花一般在九月初成熟，所以古时候，人们在九月九日这天，将采下的初开的菊花以及一些翠绿的枝叶，一起放入到准备酿酒的粮食中进行酿造，然后将酿好的酒放到第二年的九月九日饮用。所以，每年九月九日重阳节这天，人们除了登高插茱萸，再就是和亲友们一起饮菊花酒。这种习俗一直流传至今，菊花酒被看作"吉祥酒"，具有祛灾祈福的意味。

齐白石的画：菊花酒

酴釄酒

原典

七分开酴釄①，摘取头子②，去青萼，用沸汤绰过③，纽干。浸法酒一升，经宿漉去花头，匀入九升酒内，此洛中④法。

注释

①酴釄：花名，蔷薇科，落叶灌木，其色香俱佳。用酴釄花浸渍的酒就称为酴釄酒。

②头子：花柄以上带有青萼的部分。

③用沸汤绰过：用开水焯过。绰，同"焯"，指将蔬菜放到开水中稍微煮一下就捞出来。

④洛中：指洛阳。

译文

取七分开的酴釄，摘取花头，去掉青萼，用开水焯一下，再控干。用一升法酒浸泡，过一夜后再捞出花头，匀入到九升酒中。这种方法是洛中的酿造法。

酴醿，也叫酴醿、荼蘼，是一种花名，但现在很少有人知道这种花，更别提酴醿酒了。但在古代，酴醿是非常有名的花木，而且人们对此花有很高的评价，如宋代诗人陆游赞其："吴地春寒花渐晚，北归一路摘香来"，这里的"香"指的就是酴醿花，宋代另一位文学家晁无咎甚至说应该将酴醿取代牡丹为花王。可见古代人们对酴醿花的喜爱。也因此，人们喜欢喝酴醿酒。

酴醿花

酴醿酒在古时候分为两种：一种是重酿酒，即将酴醿花和米混合在一起，经过几次复酿而成的甜米酒；另一种则是用酴醿花熏香或浸渍的酒，朱肱的《酒经》中所说的酴醿酒即是此种。由于酴醿花开在春末，所以当它开花的时候，也预示着春天的结束，于是古人在赏花饮酒的同时，也融入一种浓浓的伤春之情。只是这种情怀在今天再难寻觅。

葡萄酒法

原典

酸米入甑蒸，气上①。用杏仁五两（去皮、尖）、葡萄二斤半（浴过，干，去子、皮），与杏仁同于砂盆内一处，用熟浆②三斗，逐旋研尽为度，以生绢滤过。其三斗熟浆③泼饭，软盖良久，出饭，摊于案上。依常法，候温，入曲搜拌。

注释

① 气上：令气上来。

② 熟浆：煮熟的酸浆。

③ 其三斗熟浆：指酸米同杏仁、葡萄研磨得到的熟浆。

译文

取酸米放在甑中蒸，等到蒸气上来，用杏仁五两（去掉皮和尖）、葡萄二斤半（清洗后，将其晾干，去掉籽和皮），将二者放在砂盆内，再倒入熟浆三斗，逐渐研尽，之后用生绢滤过。将上述的三斗熟浆泼入饭中，使其变软，然后盖好，放置一段时间，倒出饭，摊放在案上，依照常法放温，加入酒曲拌和后酿造。

古今之葡萄酒

　　汉朝时，张骞出使西域，不但带回了葡萄种子，同时带回了葡萄酒的酿造方法。但由于葡萄原料的生产具有季节性，没有谷物原料那么方便，所以葡萄酒的酿造技术并没有推广开来。到了唐代，中原地区对葡萄酒已是一无所知，于是唐太宗又从西域引入葡萄和葡萄酒酿造技术，因此唐代时，葡萄酒在当时十分盛行，这在唐代的许多诗句中就可以看出，比如脍炙人口的著名诗句："葡萄美酒夜光杯，欲饮琵琶马上催。"（王翰《凉州词》）元代的时候，由于元朝统治者对葡萄酒的喜爱，葡萄酒也曾大力普及，但不管是汉唐时期，还是之后的宋元明清时期，汉民族始终没有真正掌握葡萄酒的酿造技术，不懂得葡萄自然发酵酿酒的原理，总是习惯性地按酿造黄酒的方法，加入酒曲，比如朱肱在《酒经》中收录的"葡萄酒法"，就带有黄酒酿造法的烙印。在该法中，葡萄经过洗净，去皮及籽，这样就正好把酵母菌都去掉了。而且葡萄在这里也只是作为一种配料使用，因此也不能称为真正的葡萄酒。

　　由于以上原因，在中国古代，葡萄酒并非主要酒类品种。事实上，这种影响是深远的，一直到今天，葡萄酒在中国市场的占有量也无法和白酒相比，普通民众更喜欢饮用的还是白酒，而葡萄酒则是以法国的为好。

葡萄酒

猥　酒 ①

原典

　　每石糟，用米一斗煮粥，入正发酵一升以来，拌和糟，令温。候一、二日，如蟹眼② 发动，方入曲三斤、麦蘖末四两搜拌，盖覆，直候熟。却将前来黄头，并折澄酒脚倾在瓮中，打转，上榨③。

注释

　　① 猥酒：即糟酒，属于劣质酒。

　　② 蟹眼：比喻水初沸时冒出气泡的形状。

　　③ 打转，上榨：指将下脚料重新上槽压榨。打转，返回。

译文

　　每一石酒糟，用一斗米煮成粥，再加入正发的酒醅一升，拌和糟，放到不冷不热。等一两天，如果有像蟹眼一样的气泡涌动，再加入三斤曲、四两麦蘖末，拌和均匀，用瓮覆盖，直到酒熟。再将渗出来的黄头和酒中的固形物澄清，一同倒入瓮中，重新上槽压榨。

古今之糟酒

　　《酒经》中的"猥酒"就是糟酒，其是由回收的酒糟，也就是酿酒剩下的酒渣或下脚料重新加工而成的，所以在古代，糟酒是劣质酒的代名词。但现在的糟酒并非如此，它是用蒸熟后的糯米或大米经加入酒曲发酵而成的一种食品，所选用的米都是上等新米。古代的糟酒所用的是红糟，也就是酒渣，而现在的糟酒则是用的香糟，制成之后香气浓郁，可以直接吃，也可以煮着吃，还可以冲入鸡蛋加红糖或白糖吃，香甜可口，具有很好的营养保健作用。

酒　糟

糟酒蛋花

酒经

古法今观——中国古代科技名著新编

一

神仙酒法

武陵桃源酒法

酒经

古法今观——中国古代科技名著新编

原典

取神曲二十两，细剉如枣核大，曝干。取河水一斗，澄清浸待发。取一斗好糯米，淘三、二十遍，令净，以水清为度。三溜①炊饭令极软烂，摊冷，以四时气候消息②之。投入曲汁中，熟搅令似烂粥，候发，即更炊二斗米，依前法，更投二斗。尝之，其味或不似酒味，勿怪之。候发，又炊二斗米，投之，候发，更投三斗。待冷，依前投之，其酒即成。如天气稍冷即暖和③，熟后三、五日，瓮头有澄清者，先取饮之。蠲除④万病，令人轻健。纵令醡酌，无所伤。此本于武陵桃源中得之，久服延年益寿，后被《齐民要术》中采缀编录，时人纵传之，皆失其妙。此方盖桃源中真传也。

注释

① 三溜：再馏后又添水蒸一次。溜应为"馏"之误。

② 消息：斟酌。

③ 暖和：不冷不热。

④ 蠲除：清除。

译文

取神曲二十两，剉细成枣核般大小，晒干。取河水一斗澄清，澄清后等待发酵使用。取一斗上等的糯米，淘洗二三十遍，要淘到水清为止。将糯米一蒸再蒸，直到极软极烂的程度，然后摊开将其放冷。按照四时气候的情况，来斟酌掌握饭的温度，将蒸好的饭投入浸好的曲汁中，充分搅拌就像烂粥一样。等到发酵了，再蒸两斗米的饭投入里面。再等到发酵了，按照前面的做法再投入两斗米的饭。品尝一下，也许味道不像酒味，这时不必奇怪。再等到发酵了，同样蒸两斗米的饭投入里面。接着，再等着其发酵，之后又投入三斗米的饭。等到放冷了，仍然按照前面的做法投入其中。这样酒就酿成了。如果天气有些冷，可以让饭暖和些再投。酒酿好后的三五天内，瓮口有澄清的酒，可以先取来饮用。这种酒喝了之后，可以去除万病，令人感到浑身轻捷，即使开怀畅饮，也不会伤害身体。这种酿酒方法本来是在武陵桃源中得到的，经常服用可以延年益寿，后来被《齐民要术》采辑编录，人们肆意传扬，使其失去了酿造方法的奥妙之处。这里记述的方法才是桃源中的真传。

"武陵桃源酒"的产地

神仙酒法

《酒经》中提到了"武陵桃源酒",这很自然地让人想起陶渊明的《桃花源记》:"晋太元中,武陵人捕鱼为业。缘溪行,忘路之远近。忽逢桃花林,夹岸数百步……"朱肱说"武陵桃花源酒"属于"神仙酒",且此酒"于武陵桃源中得之""盖桃源中真传也",而陶渊明的"武陵桃花源"也是描绘的理想中的社会景象,所以二者指的是一个地方,"桃源"即"桃花源"。那么"武陵桃源"究竟在哪里?根据陶渊明所描述的景象,现代人经过考证,认为最大的可能是湖南省北部的常德市桃源县。桃源县有一个桃花源景区,这里前有滔滔不绝的沅江,后有绵延起伏的武陵群峰,景区内古树参天,修竹婷婷,寿藤缠绕,花草芬芳,宛若仙境。这里的景象与《桃花源记》中描述的极为相似,而且古代"武陵"也位于这一带,所以"武陵桃源酒"应该就产于此地。但这只是大概猜测,不能完全下定论。

清 郑燮 桃花源记

原典

今商量以空水①浸曲未为妙。每造一斗米,先取一合以水煮取,一升澄,取清汁浸曲,待发。经一日炊饭,候冷,即出瓮中②,以曲水熟和,还入瓮内③,每投皆如此。其第三(以一斗为率,初用一合米浸曲,一酘一升,二、三、四酘皆二升,五酘三升,是止九升一合)、第五皆待酒发后,经一日投之。五投毕,待发定讫。更一两日,然后可压漉,即滓大半化为酒。如味硬,即每一斗酒蒸三升糯米,取大麦曲蘖一大匙、神曲末一大分,熟搅和,盛葛袋中,内入酒瓶,候甘美,即去却袋。

凡造诸色酒,北地寒,即如人气投之;南中气暖,即须至冷为佳。不然,则醋矣已。北造往往不发,缘地寒故也,虽料理得发,味终不堪。但密泥头④,经春暖后,即一瓮自成美酒矣。

古法今观——中国古代科技名著新编

注释

①空水：煮米所得的清汁。

②即出瓮中：把蒸好放冷的饭倒入瓮中。此瓮用来和曲。

③还入瓮内：把用曲水熟和的饭再倒入放饭的瓮里。此瓮用来酿酒。

④泥头：用以封住瓮口的泥巴。

译文

　　如今人们以水浸泡曲末为好。每造一斗米的酒，先取一合米用水煮，然后再取一升的米汤，澄取出清汁，将其用来浸曲，等待发酵。经过一天后蒸饭，将其放冷，再倒入瓮中，用曲水充分拌和，倒入酿酒的瓮中。每一次投饭料都这样做。第三投（以一斗米造酒为标准，第一次用一合米煮取清汁，然后浸曲，一投一升米，二、三、四投都是两升，五投为三升，直到一斗用九升为止）、第五投都要等到酒发酵了，隔一天再投入。五投结束后，看发酵情况再定。过一两天，就可以压榨过滤，这时渣滓大半化为了酒。如果酒味既硬又辣，可以每一斗酒蒸三升糯米，取大麦曲蘖一大匙，神曲末一大份，将这些搅和到一起，盛放在葛袋中，然后放到酒瓶里，等到酒甘美了，就将葛袋取出。

　　凡酿造各种酒，北方天气寒冷，饭一定要放到像人体般暖和再投入饭料。而南方因为天气暖和，则需要将饭放冷为佳，否则就会酸。北方酿酒经常不发酵，这是天寒的原因，虽然经过认真料理可以发起来，但味道终究差一些。如果将瓮用泥封严，再经过一个温暖的春天，就自然而然成为一瓮美酒了。

清　花渔艇

"武陵桃源酒"的特别之处

朱肱将"武陵桃源酒"称为"神仙酒",那么其必然有特别之处。现代人根据它的选料和酿制方法分析发现,最特别的就是酒多"酘"。"酘"同"投",古人酿酒,一般三、四投即可,而"武陵桃源酒"则要八、九投,投的次数越多,酒的纯度会越高,酒的品质也越好,《齐民要术·造神曲并酒》中就说"冬酿,六、七酘;春酿,八、九酘"。古人认为多投法酿成的酒具有特殊功效,可"蠲除万病,令人轻健,纵令酣酊,无所伤""久服延年益寿"。其实,这不过就是如今补酒、保健酒的一些功效,并没有什么神奇之处。

真人变髭发方

原典

糯米二斗(净簸择,不得令有杂米),地黄二斗(其地黄先净洗,候水脉尽,以竹刀切如豆颗大、勃堆叠①二斗,不可犯铁器),母姜②四斤(生用,以新布巾揩之,去皮,须见肉,细切,秤之),法曲二斤(若常曲,四斤,捣为末)。右取糯米,以清水淘,令净。一依常法炊之,良久,即不馈。入地黄、生姜相重③炊。待熟,便置于盆中,孰搅如粥。候冷,即入曲末,置于通油瓷瓶瓮④中酘造。密泥头,更不得动,夏三十日,秋、冬四十日。每饥即饮,常服尤妙。

注释

①勃堆叠:一层一层地码起来。勃,摆成行列。

②母姜:挖出后没有晒干的姜。

③相重:重复。

④通油瓷瓶瓮:一种特殊的瓷质盛器。

译文

取糯米两斗(簸择干净,里面不能有杂米)、地黄两斗(先将地黄洗干净,再控净水,然后用竹刀切成豆粒般大小,一层一层地码到斗中量取两斗。不能触碰铁器)、母姜四斤(生的,用新布擦去皮,必须露出肉,切细后再称量)、法曲两斤(如果是常曲则要用四斤,捣成细末),将其中的糯米用清水淘洗干净后,按照平常的做法蒸比较长的一段时间,但只能蒸成半熟的饭,然后加入地黄、生姜,再蒸,等到完全熟了,放到盆里面,使劲搅拌,使其成粥样。等其冷却下来，再加入曲末，放到通油瓷瓶中酿造。瓶口一定要用泥封死，之后不要再移动。夏天三十天就酿好了，秋冬季节则需要四十天。酿好后，每到饥饿的时候就拿来饮，经常服用尤其妙。

补　酒

《酒经》中的"真人变髭发方"，朱肱认为这种酿酒方法属于神仙酒法，常饮由此法酿制出的酒可以得道成仙，返老还童，进入真人的境界。其实从其配料上看，由此法酿制出的就是一种补酒，这种酒中加入了生姜、地黄，夏天酿制三十天，秋、冬季酿制四十天，通过长时间的酿造来提高酒的品质，可以说是《酒经》里所提到的酿酒法中时间最长的，常服可以强身健体、延年益寿。现在的补酒种类很多，在酿制过程中可加入不同的中草药，根据其功能，一般分为补气类、补血类、补阴类、补阳类和气血双补类等。饮用补酒时，要根据自身体质选择，不可随意饮用。

补酒的药材

妙理曲法

原典

　　白面不计多少，先净洗辣蓼，烂捣，以新布绞，取汁，以新刷帚洒于面中。勿令大湿，但只踏得就为度①。候踏实②，每个以纸袋挂风中，一月后方可取。日中晒三日，然后收用。

注释

　　①度：标准。

　　②踏实：压踏结实。

译文

白面的量没有多少的限制。先将辣蓼洗干净，捣烂，再用新布绞出汁液，然后用新刷子将汁液洒到面里面，但不能太湿了，压踏成团就可以了。当踏实后，一个一个地装到纸袋中挂于迎风处，晾晒一个月后就可以取下来了。在太阳下再晒三天，收起来准备以后用。

"妙理曲"名称之来源

苏轼曾写有《浊醪有妙理赋》："酒勿嫌浊，人当取醇。失忧心于昨梦，信妙理之疑神。"这里就有"妙理"二字，意思是奥妙深微的道理。此赋全面阐述了苏轼的饮酒观，他认为浊酒的妙理在于酒可以保全内心的无为之道。由于此赋在当时流传广泛，再加上朱肱推崇苏轼，喜欢读他的作品，所以受到影响和启发，捣辣入曲，将曲法起名为"妙理"。"妙理曲"的制作方法很简单，就是白面加辣蓼，这在后世也有一定影响，比如明代高濂《遵生八笺·饮馔服食笺·曲类》所说的"蓼曲"就与"妙理曲"类似，只不过是将"妙理曲"的白面改为糯米，然后再用白面拌匀，但现代极少再用此种方法。

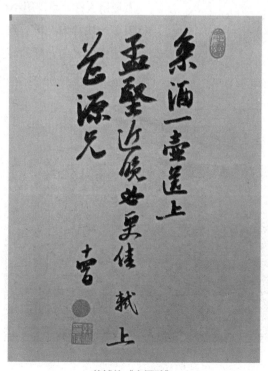

苏轼的《京酒贴》

时中曲法

原典

每菉豆[1]一斗，拣净水淘，候水清，浸一宿。蒸豆极烂，摊在案上，候冷，用白面十五斤，辣蓼末一升（蓼曝干，捣为末，须旱地上生者，极辣。豆、面，大斗用大秤，省斗用省秤）。将豆、面、辣蓼一处拌匀，入臼内捣，极相乳入[2]。如干，入少蒸豆水。不可太干，不可太湿，如干麦饭为度。用布包，踏成圆曲，中心留一眼，要索穿，以麦秆、穰草罨一、七日（先用穰草铺在地上，及用穰草系成束，排成间，起曲令悬空），取出，以索穿，当风悬挂，不可见日，一月方干。用时，每斗用曲四两，须捣成末，焙干用。

注释

① 菉豆：绿豆。

② 极相乳入：很像倒入乳中一样。相，像。

译文

绿豆一斗，拣干净后，用水淘洗，直到水清，然后将其浸泡一晚上。蒸绿豆时要蒸到非常烂，再摊到案上，等到冷却下来，用白面十五斤、辣蓼末一升（辣蓼要晒干，并捣碎成细末，要选用旱地生的辣蓼，这种非常辣。绿豆、白面，大斗用大秤，小斗用小秤），将豆、面、辣蓼一块拌匀，再放到臼中捣碎，要捣到像倒入乳中一样的感觉。如果捣完后比较干，可以加入少量的蒸豆水。既不

绿　豆

能太干，也不能太湿，像干麦饭那样就可以了。然后用布包好，压踏成圆饼形状，饼的中心要留一孔，以方便穿绳用。曲饼要用穰草掩盖七天（先将穰草铺在地上，再把穰草系成束，排列要有间隔，让曲饼悬空横放在穰草束上）。之后，取出曲饼，并且用绳穿起来，悬挂在迎风处，不能见太阳，这样晒一个月就干了。用的时候，每斗米用四两曲，要捣成末子，焙干了再用。

绿 豆

《酒经》中的"时中曲"的主要制作原料之一就是绿豆。绿豆古名菉豆，在中国已有两千余年的栽培史。绿豆性凉味甘，蛋白质含量高于粳米三倍，具有清热解毒、止渴消暑、利尿润肤的功效，既可平时食用，也可作为药材使用。古人除了用于中药，也常用于酿酒，这种绿豆酒直到今天仍有部分地区生产制作。但据现代科学研究，绿豆是不适宜于煮得太烂的，因为这样很容易破坏有机酸和维生素，降低其清热解毒的功效，所以"时中曲"中将绿豆蒸得很烂，对绿豆的功效肯定是有一定破坏的。

冷泉酒法

原典

每糯米五斗，先取五升淘净，蒸饭，次将四斗五升米，淘净入瓮内，用梢箕^①盛蒸饭五升，坐在生米上，入水五斗浸之。候浆酸饭浮（约一两日），取出^②，用曲五两，拌和匀，先入瓮底^③。次取所浸米四斗五升，控干，蒸饭，软硬得所，摊令极冷，用曲末十五两，取浸浆。每斗米用五升拌饭与曲，令极匀，不令成块，按令面平（罨浮饭在底，不可搅拌），以曲少许糁面，用盆盖瓮口，纸封口缝两重，再用泥封纸缝，勿令透气。夏五日，春秋七、八日。

注释

① 梢箕：淘米或盛饭用的竹器。

② 取出：指取出梢箕里的饭。

③ 瓮底：指酿酒瓮的瓮底。

译文

糯米五斗，先取其中的五升淘洗干净后蒸成饭，再将剩下的四斗五升糯米淘洗干净后，放到瓮里。用梢箕盛五升蒸熟的饭坐在生米上，再加入五斗水浸泡。等到浆酸饭浮（大约一两天的时间）后，再将梢箕里的浮饭取出来，加入五两曲，将二者拌和均匀，再放到酿酒的瓮里。接着，将所浸的四斗五升米控干，蒸成饭，当米的软硬程度适当后，摊开放冷，用十五两曲末，浸入浆中。每斗米用五升拌饭和曲末，要拌得非常均匀，不能结成块，再将瓮中的浮饭盖住，然后按平（盖在浮饭上面，不能搅拌），将少量的曲末撒到面上，并用盆盖住瓮口，再用两层蜡纸封严，之后用泥封住纸缝，不能使其透气。这样，夏天，只要五天就可以酿成，春、秋季节，七八天即可酿成。

糯米酒

《酒经》中的"冷泉酒法"所酿制出的酒即为纯糯米酒，它的原料只有糯米。这种酿酒方法与其他方法不太一样，比如它是将蒸饭"坐在生米上"，然后再加水，熟饭和生米混装在一起发酵，而且它还是一种快速酿酒法，夏天只需五日，春、秋季只需七八日即可。还有一点与《酒经》中其他曲法不同，它没有添加任何一种中药材，这和现在的糯米酒是相似的。但这种纯糯米酒不适合长久保存，冬天如果注意保暖，可以放三四天，夏天如果在酒中加少许水煮沸，可以适当地延长贮存时间。

糯米酒

附录一　序跋

读朱翼中《北山酒经》并序

〔北宋〕李保　撰

大隐先生朱翼中，壮年勇退，著书酿酒，侨居西湖上而老焉。属朝廷大兴医学，求深于道术者为之，官师乃起公为博士，与余为同僚。明年，翼中坐书东坡诗贬达州。又明年，以宫祠还。未至，余一夕梦翼中相过，且诵诗云："投老南还愧转蓬，会令净上变炎风。由来祗许杯中物，万事从渠醉眼中。"明日，理书帙，得翼

《北山酒经》

中《北山酒经》，发而读之，盖有"御魑魅于烟岚，转炎荒为净土"之语，与梦颇契，余甚异，乃作此诗以志之。他时见翼中，当以是问之，其果梦乎？非耶？政和七年正月二十五日也。

> 赤子含德天所钧，日渐月化滋浇淳。
>
> 惟帝哀矜悯下民，为作醪醴发其真。
>
> 炊香酿玉为物春，投醯酴米授之神。
>
> 成此美禄功非人，酣适安在味甘辛。
>
> 一醉竟与羲皇邻，薰然刚愎皆慈仁。
>
> 陶冶穷愁孰知贫，颂德不独有伯伦。
>
> 先生作经贤圣分，独醒正似非全身。
>
> 德全不许世人闻，梦中作诗语所亲。
>
> 不顾万户误国恩，乞取醉乡作封君。

朝奉郎行开封府刑曹掾李保

《北山酒经》跋

〔清〕吴枚庵 撰

《北山酒经》三卷，大隐先生朱翼中撰，翼中不知何郡人，政和七年医学博士，李保题诗其后。序言：翼中壮年勇退，著书酿酒，侨居西湖上，朝廷起为医学博士。明年，坐书东坡诗贬达州。又明年，以宫祠还云云。此册为玉峰门生徐璜所赠，犹是述古堂旧藏。戊戌九月廿四日，雨窗翻阅，偶记于此。漫士翌凤。

乾隆壬寅四月初十日校写讫，计一万二千四百八十四字，陈世彭记

《北山酒经》跋

〔清〕鲍廷博 撰

《北山酒经》三卷，宋吴兴朱肱撰。肱字翼中，元佑戊辰李常宁榜第，仕至奉议郎、直秘阁。归寓杭之大隐坊，著书酿酒，有终焉之志。无求子、大隐翁，皆其自号也。潜心仲景之学，政和辛卯遣子遗直赍所著《南阳活人书》上于朝。甲午起为医学博士，旋以书东坡诗贬达州。逾年，以朝奉郎提点洞霄宫召还。

此书有"流离放逐"及"御魑魅""转炎荒"之语，似成于贬所。而题曰"北山"者，示不忘西湖旧隐也。《活人书》当政和间，京师、东都、福建、两浙凡五处刊行，至今江南版本不废。是书虽刻于《说郛》及吴兴《艺文志补》，然中下两卷已佚不存。吴君伊仲喜得全本，曲方酿法，粲然备列。借登枣木，以补《齐民要术》之遗。较之窦苹《酒谱》徒摭故实而无裨日用，读者宜有华实之辨焉。

肱祖承逸，字文倦，归安人，为本州孔目，好善乐施。尝代人偿势家债钱百千，免其人全家于难。庆历庚寅岁饥，以米八百斛作粥，活贫民万人。父临，历官大理寺丞，尝从安定先生学，为学者所宗。兄服，熙宁六年进士甲科。元丰中，擢监察御史里行。章惇遣袁默、周之道见服，道荐引意，眼举劾之。绍

圣初，拜礼部侍郎，出知庐州，坐与苏轼游，贬海州团练副使，蕲州安置，改兴国军，卒。与肱盖有"二难"之目云。

乾隆乙巳六月既望，歙鲍廷博识于知不足斋

四库全书总目提要·北山酒经

〔清〕纪昀 等 撰

纪昀像

《北山酒经》三卷，安徽巡抚采进本。宋朱翼中撰。陈振孙《书录解题》称大隐翁，而不详其姓氏。考宋李保有《续北山酒经》，与此书并载陶宗仪《说郛》。保自叙云：大隐先生朱翼中，著书酿酒，侨居湖上。朝廷大兴医学，起为博士。坐书东坡诗，贬达州，则大隐固冀中之自号也。是编首卷为总论，二、三卷载制曲造酒之法颇详。《宋史·艺文志》作一卷，盖传刻之误。《说郛》所采仅总论一篇，余皆有目无书，则此固为完本矣。明焦竑原序称，于田氏《留青日札》中考得作者姓名，似未见李保序者。而程百二又取保序冠于此书之前，标曰"题《北山酒经》后"，亦为乖误。卷末有袁宏道《觞政》十六则，王绩《醉乡记》一篇，盖胡之衍所附入。然古来著述，言酒事者多矣。附录一明人，一唐人，何所取义？今并刊除焉。

113

附录二　中国酒文化

酒的历史

　　酒文化是中华民族饮食文化的一个重要组成部分。酒的历史几乎是与人类文化史一道开始的，其发展历程与经济发展史同步，而酒又不仅仅是一种食物，它还具有精神文化价值。所以，饮酒不是就饮酒而饮酒，也是在饮文化。

史前时期

　　在原始社会，我国酿酒已很盛行，远古时期的酒，是未经过滤的酒醪，呈糊状和半流质，对于这种酒，不适于饮用，而是食用，故食用的酒具一般是食具，如碗、钵等大口器皿。

夏朝

　　夏朝酒文化十分盛行，商人善饮酒，夏朝有一种叫爵的酒器，是我国已知最早的青铜器，在中华历史上具有重要地位。

商代

商代酿酒业十分发达，青铜器制作技术提高，中国的酒器达到前所未有的

酒　碗

繁荣。作酒有了成套的经验，出现了"长勺氏"和"尾勺氏"这种专门以制作酒具为生的氏族。

周代

周代大力倡导"酒礼"与"酒德"，把酒的主要用途限制在祭祀上，于是出现了"酒祭文化"。周代酒礼成为最严格的礼节，周代乡饮习俗是，以乡大夫为主人，处士贤者为宾。饮酒，尤以年长者为优厚，这即是周代的"酒仪文化"。

春秋战国时期

春秋战国时期，酿酒技术已有了明显的提高，酒的质量随之也有很大的提高，饮酒的方法是：将酿成的酒盛于青铜垒壶之中，再用青铜勺挹取，置入青铜杯中饮用。

青铜勺

秦汉时期

秦朝经济繁荣，酿酒业自然也就兴旺起来。秦汉年间出现了"酒政文化"，统治者站在"讲政治"的高度屡次禁酒，提倡戒酒，以减少五谷的消耗，最终屡禁不止。

两汉时期，饮酒逐渐与各种节日联系起来，形成了独具特色的饮酒日，酒曲的种类也更多了。汉代之酒道，饮酒一般是席地而坐，酒樽入在席地中间，里面放着挹酒的勺，饮酒器具也置于地上。

三国时期

三国时期的酒风极"盛"，酒风剽悍、嗜酒如命，陶元珍先生评价三国酒风时曾引用了这样一段话："三国时饮酒之风颇盛，南荆有三雅之爵，河朔有避暑之饮。"三国劝酒之风也颇盛，喝酒手段也比较激烈。

魏晋南北朝时期

秦汉年间提倡戒酒，到魏晋时期，酒才有合法地位，酒禁大开，允许民间自由酿酒，私人自酿自饮的现象相当普遍，酒业市场十分兴盛。魏晋南北朝时期名士饮酒风气极盛，借助于酒，人们抒发着对人生的感悟、对社会的忧思、对历史的慨叹。

古人饮酒图

隋唐时期

唐宋时期的酒文化是酒与文人墨客大结缘。唐朝诗词的繁荣，对酒文化有着促进作用，出现了辉煌的"酒章文化"，酒与诗词、酒与音乐、酒与书法、酒与美术、酒与绘画等，相融相兴，沸沸扬扬。唐代是中国酒文化的高度发达时期，唐代酒文化底蕴深厚，多姿多彩，辉煌璀璨。"酒催诗兴"是唐朝文化最凝练、最突出的体现，酒催发了诗人的诗兴，从而内化在其诗作里，酒也就从物质层面上升到精神层面。酒文化在唐诗中充分酝酿，品醇味久。

宋辽金元时期

宋朝酒文化是唐朝酒文化的延续和发展，比唐朝的酒文化更丰富，更接近我们现今的酒文化。宋代酒业繁盛、酒店遍布，酒店强调名牌的文化个性。宋代发明了蒸馏法，从此白酒成为中国人饮用的主要酒类。

明清时期

明清以后，酒已成为人们生活中不可缺少的饮品，每逢佳节节令，"专用酒"十分流行。明清两代可以说是中国历代行酒道的又一个高峰。此外，酒道上升至修身养性的境界，酒令五花八门，且雅令很多，把普通的饮酒提升到讲酒品、崇饮器、行酒令、懂饮道的高尚境地。

酒会

当今，酒文化的核心便是"酒民文化"。人的酒行为更为普遍，酒与人的命运更为密切，酒广泛地融入了人们的生活，贴近"生活"的酒文化得到了空前的丰富和发展。如生日宴、婚庆宴、丧宴等以及相关的酒俗、酒礼，成为人们的生活内容。

清丁观鹏绘《夜宴桃李图》局部

古人饮酒图

酒的起源

中国是世界上最早酿酒的国家之一。酒的原始发明者到底是谁呢？对此众说纷纭，莫衷一是。那么，酒究竟源于何时，源于何方呢？虽然没有有形的文字记载，但具有天才想象力的老百姓却把酒的发明归功于神，从而诞生了许多与酒有关的美丽动人的传说。

酒星酿造说

中国民间流传"酒星造酒"的传说，把酒星当作天神，说酒是天上的酒星酿造的。

宋代窦革在《酒谱》中也有这样的记载："天有酒星，酒之作也，其与天地并矣。"意思是酿酒的起源与宇宙的生成有关。

现代天文学家通过宇宙光谱分析发现，宇宙外层空间存在着酒精分子，这些酒精分子是如何生成的？这个至今仍是个谜。

酒旗星是中国古天文学中用来确定某颗星的一个专用名词，酒星究竟在哪里？据《晋书·天文志》说，在"轩辕右角南三星曰酒旗，酒官之旗也，主宴飨饮食"。轩辕，我国古星名，共十七颗星。酒旗星就在它的东南方。酒旗星的发现，最早见于《周记》一书中，距今已有近三千年的历史，二十八宿的说法是我国古代天文学的伟大创造之一。

古代诗文中也常提到"酒星"或

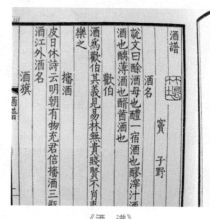

《酒谱》

"酒旗星"。如号称"酒仙"的大诗人李白《月下独酌·其二》一诗中有"天若不爱酒,酒星不在天"的诗句。东汉末年以"座上客常满,杯中酒不空"自称的孔融在《与曹操论酒禁书》中有"天垂酒星之耀,地列酒泉之郡"的语句,反对曹操禁酒。此外,古人还有"仰酒旗之景曜""拟酒旗于元象"的诗句,都提到天上有管酿造的酒星。

酒,是酒星之作,这是古人的一种想象,这是由于古代科学很不发达,人们以为人世间的一切包括美酒都是天上的星宿主宰的,地上的一切都是从天上掉下来的。因此,就产生了"酒星造酒"的神话。

猿猴造酒

猿猴造酒说

在中国的历史文献中,对"猿酒"有不少的记载。

明代李日华在《紫桃轩杂缀》中记载:"黄山多猿猱,春夏采杂花果于涧中,酝酿成酒,香气溢发,闻数百步。野樵深入者或得偷饮之,不可多,多即减酒痕,觉之,众猱伺得人,必溢死之。"《清稗类钞·粤西偶记》中也说:"粤西平乐(广西壮族自治区东部)等府,山中多猿,善采百花酿酒,樵子入山,得其巢穴者,其酒多至数石,饮之,香美异常,名曰猿酒。"

这些不同时代、不同人关于"猿猴造酒"的记载,听起来近乎荒唐,其实倒很有科学道理。我们知道,当成熟的野果坠落下来后,由于受到果皮上或空气中酵母菌的作用而"生酒",这是一种自然现象。那么,猿猴在捡到发酵的野果后,偶然地尝一尝,觉得别具风味，于是，从捡拾进而将野果采下来，放在"石洼中"，让它受自然界中酵母菌的作用发酵，而后再享用，是完全可能的。当然，猿猴的这种"造酒"，充其量也只能说是"带有酒味的野果"，与人类的"酿酒"是有质的不同的。但不管怎么说，猿猴造的自然发酵而成的果酒，可以说是最原始、最古老的酒了。

仪狄作酒说

仪狄作酒说始载于《世本》。《世本》是秦汉间人辑录古代帝王公卿谱系的书，书中讲："仪狄始作酒醪，变五味。"认为仪狄是酒的始作人，后来又有西汉人刘向编订的《战国策·魏二》记载："昔者，帝女令仪狄作酒而美，进之禹，禹饮而甘之，遂疏仪狄，绝旨酒，曰：后世必有以酒亡其国者。"东汉人许慎在撰《说文解字》"酒"条文中，也记载了"古者仪狄作酒醪，禹尝之而美，遂疏仪狄"。到三国时，蜀汉学者谯周著《古史考》也说"古有醴酪，禹时仪狄作酒"，将仪狄奉为酒的发明人。

当然，很多学者并不相信"仪狄始作酒醪"

仪狄故里山东高青的酒窖

后人祭拜仪狄

的说法。在古籍中也有许多否定仪狄始作酒的记载，有的书认为神农时代就有酒了，也有说帝尧、帝舜时就有酒了，神农、黄帝、尧、舜都早于夏禹，可见仪狄始作酒是值得怀疑的。最初的酒绝不是有意制造，而只能是无意中发现的，如前所述，是粮食和果品自然发酵形成的。粮食、水果在一定温度下滋生出酵母菌，就会变馊，到一程度，恰好就是酒味。晋朝人江统的《酒诰》中就指出了这个秘密，他说："有饭不尽，委馀空桑；郁积成味，久蓄气芳；本出于此，不由奇方。"事实上酿酒方法的创造发明，不可能由某一个人完成。

杜康造酒说

"杜康造酒"，在民间也广为流传，特别得力于三国时代曹操的乐府诗《短歌行》而推广，诗中道："慨当以慷，忧思难忘，何以解忧，唯有杜康。"在这里，杜康已成为美酒的代名词了，人们因此把杜康当作了酿酒的祖师爷。

书 法

　　杜康到底是什么时代的人呢？自古到今扑朔迷离。《说文解字》中说，"少康，杜康也"，少康是夏朝第五代君主。宋代窦革认为，杜这个姓是周朝才有的。周武王灭纣建周后，把商代豕韦氏封于杜（今西安市东南地区），其后裔在周宣王时做官，称杜伯，为周宣王所杀，子孙逃至晋国，才以封地杜为姓。因此，如果有杜康这样一个人，应该是春秋时代人，最早不会在周朝以前。可见杜康出世太晚，不可能是酒的始作人。

　　但是，有一点却值得注意，《说文解字》"帚"条文中说："古者少康初作箕帚、秫酒。"明确提到杜康是"秫酒"的初作者。这个说法很可能比较符合实际。我国最早的粮食栽培作物是黍、稷、粟、稻，后来才有高粱。杜康很可能是周秦间一位著名的酿酒大师，凭着他对高粱的认识，开始用它的种子酿酒，留下的高粱秸则制成箕、帚等工具。由于高粱是极好的酿酒原料，酿出的酒味道格外美好，杜康之名也因之鹊起。宋代《酒谱》的作者窦革也是这样推论的。

杜康醉酒图

酒 名

酒名的来源

中国酒的名称历来是以产地、原料、水源、配方、香型及名人典故确定的。上下数千年，历经演变，形成了一个洋洋大观的酒名王国。从酒产生至今，我们的祖先不断改进酿造技术，生产出了无数的名酒佳酿，有众多琼浆玉液一直流传至今。有些虽已失传，但酒名犹存。中国传统酒名丰富多彩，不胜枚举。有的端庄，有的凝重，有的富丽堂皇，有的纯朴素雅，反映了古人生活的方方面面，蕴含着丰富的文化。

汾 酒

茅 台

杜康酒

洋河大曲

名酒以产地命名的居多，中国地大物博，幅员辽阔，各地区都有佳酿，以地命名，古已有之。如茅台酒产于贵州仁怀县茅台镇而得名；汾酒产于山西汾阳市，因取"汾"字而得名；西凤酒产自陕西凤翔，昔日曾有"西府凤翔"之称，故取名"西凤"；七宝酒产于上海市七宝古镇，故取名"七宝大曲"等。

有些酒是以人名而命名的。中国酒名自古以来就讲究名人效应，最初以善酿者的名字命名，后来发展到以历朝历代的帝王将相、才子佳人、文人墨客的名字命名，这是名人文化与酒文化结合的特殊文化现象。这种以人名为酒名的命名，起源于曹操所吟的"何以解忧，唯有杜康"的千古绝句。于是，如"杜康酒""文君酒""刘伶醉""太白酒""关公酒"和"包公酒"等一个个应运而生，为中国的酿酒业平添了浓郁的人文色彩。

能促进原料发酵的发酵剂为"曲"，中国早在三千多年前就用曲酿酒了。"曲"又分为"大曲"和"小曲"，根据"曲"的类别加上产地便是这类酒的酒名。如"洋河大曲"产在江苏泗洋县的洋河镇；"全兴大曲"由四川成都全兴号老作坊酿制，后来作坊的名号便成了酒的名字；类似的还有"双沟大曲""习水大曲""德山大曲""益阳小曲""衡水小曲"等。

　　酿酒使用的发酵窖对酒的质量有着决定性的影响，"泸州老窖"酒，就是用已有数百年历史的老窖发酵的。属于类似命名的还有"大连老窖"酒，以及采用传统地窖发酵的"平坝窖"酒、"鸭溪窖"酒等。

泸州老窖

北京红星二锅头

有些酒以工艺特点而命名，如北京的"二锅头"，旧时酿造酒用装冷水的大锅作为冷却设备，以换第二次冷水时流出的酒液味道最为纯正，故称"二锅头"。

根据酒质特点命名的酒也为数不少，江西的"四特酒"具有颜色清亮透明、香气芬芳扑鼻、味道柔和甘醇、饮后提神清爽四大特点；"桂林三花酒"的名称由来是两广民间每每在鉴定酒的质量时，采用摇动酒液的方法，看起花多少及起花时间的长短，而最好的酒可以连起"三花"，"三花酒"即由此而来。

四特酒

中国名酒以春命名的不在少数，而且酒名高雅别致，这是一种有趣的酒文化现象。自古以来，凡秋冬之季酿酒，到来年春季酿成的，称之为春酒。相传饮用此酒可延年益寿。以春命名酒，唐宋时期尤为突出。见于唐宋诗词中的就有"金陵春""洞庭春""曲来春""木兰春""中山春"等酒名。始酿于清康熙初年的"剑南春"产于四川绵竹县，剑南春的前身是唐代古酿"剑南之烧春"名酒，绵竹在唐代属剑南道，所以称之为"剑南春"。

剑南春

白云边酒商标

我国的酒与诗有着不解之缘，以诗取名的酒如湖北的"白云边"酒，当年李白路过此地，曾留下一首名诗："南湖秋水夜无烟，耐可乘流直上天，且就洞庭赊月色，将船买酒白云边。"所以此酒取名为"白云边"。北京的"醉流霞"酒，出自孟浩然的诗"金灶初开花，仙桃正发花，童颜若可驻，何惜醉流霞"。

总而言之，中国酒名精彩纷呈，各有风骚，并且大都有一番来龙去脉。这也从一个方面揭示了我国酒文化的博大精深、源远流长。

代称、别称

欢伯

因为酒能消忧解愁，能给人带来欢乐，所以就被称为欢伯。此别号最早出现在汉代焦延寿的"酒为欢伯，除忧来乐"中。金代元好问在《留月轩》诗中写道，"三人成邂逅，又复得欢伯"。

扫愁帚、钓诗钩

宋代大文豪苏轼在《洞庭春色》诗中写道"要当立名字，未用问升斗。应呼钓诗钩，亦号扫愁帚"。因酒能扫除忧愁，且能勾起诗兴，使人产生灵感，所以苏轼就这样称呼。后便以"扫愁帚""钓诗钩"作为酒的代称。

般若汤

佛教徒用的隐语。佛家禁止僧人饮酒，但有的僧人却偷饮，因避讳才有这样的称谓。苏轼在《东坡志林·道释》中有"僧谓酒为般若汤"的记载。

绿蚁、碧蚁

酒面上的绿色泡沫，也作为酒的代称。白居易在《同李十一醉忆元九》诗中写道，"绿蚁新醅酒，红泥小火炉"。

曲生、曲秀才

据郑棨在《开天传信记》中记载，"唐代道士叶法善，居玄真观。有朝客十余人来访，解带淹留，满座思酒。突有一少年傲睨直入，自称曲秀才，吭声谈论，一座皆惊。良久暂起，如风旋转。法善以为是妖魅，俟曲生复至，密以小剑击之，随手坠于阶下，化为瓶榼，美酒盈瓶。坐客大笑饮之，其味甚佳"。

后来就以"曲生"或"曲秀才"作为酒的别称。

天禄

语出《汉书·食货志》，"酒者，天子之美禄，帝王所以颐养天下，享祀祈福，扶衰养疾"。相传，隋朝末年，王世充曾对诸臣说，"酒能辅和气，宜封天禄大夫"。

青州从事、平原督邮

"青州从事"是美酒的隐语。"平原督邮"是坏酒的隐语。据南朝宋国刘义庆编的《世说新语·术解》记载，"桓公（桓温）有主簿善别酒，有酒辄令先尝，好者谓'青州从事'，恶者谓'平原督邮'。青州有齐郡，平原有鬲县。从事，言到脐；督邮，言在鬲上住"。"从事""督邮"，原为官名。因为青州境内有齐郡，齐与脐同音，凡好酒都是酒力下沉到脐部的，从事又是美职；而劣酒则不下肚，至横膈膜为止，平原有鬲县，与膈同音，督邮又是贱职，故以此为喻。

清圣、浊贤

东汉末年，曹操主政，下令禁酒。在北宋时期李昉等撰写的《太平御览》引《魏略》中有这样的记载，"太祖（曹操）时禁酒而人窃饮之，故难言酒，以白酒为贤人，清酒为圣人"。唐代季适在《罢相作》中写有"避贤初罢相，乐圣且衔杯"的诗句。宋代陆游在《溯溪》诗中写有"闲携清圣浊贤酒，重试朝南暮北风"的诗句。

除此以外，酒有玉液、流霞、红友、绿醪、金波等美丽的别名。

酒 类

　　现代人按生产工艺划分为自然发酵酒（果酒）、榨制酒（黄酒）、蒸馏酒（白酒）三大类。酒也是按照上述顺序依次出现的。又按照品饮文化将酒分为果酒、黄酒、白酒、啤酒、葡萄酒五类。

果 酒

　　"酒龄万岁"说，所指的是果酒。果酒的年龄其实不止万岁，原始人过着采摘、渔猎的生活，采摘的野果要设法储存，在储存的过程中，水果自然发酵，果酒也就问世了。在仰韶文化（母系氏族公社时期）的遗存中，已发现有储酒的器具，有"具"也就有"据"。酒龄万岁之说也就由此立论。

　　果酒是以各种富含糖分的水果，如葡萄、梨、桔、荔枝、甘蔗、山楂、杨梅等为原料，采用发酵酿制法制成的各种低度饮料酒。果酒的历史在人类酿酒史中最为悠久，史籍中就记录有"猿猴酿酒"的传说，但那只是依靠自然发酵形成的果酒。而我国人工发酵酿制果酒的历史则要晚得多，一般认为是在汉代葡萄从西域传入后才出现的。

果 酒

仰韶文化遗址中的酒具

黄　酒

黄酒是中华民族的特产，是我国最古老的传统酒，其起源与我国谷物酿酒的起源一致，龙山文化时期（父系氏族公社时期）开始使用谷物作为酿酒的原料。黄酒是以糯米和黍米等谷物为原料，经过蒸煮、糖化和发酵、压榨而成的低度原汁酒，酒精含量一般为 12% ～ 18%。因多数品种均呈黄色或黄中微红色，故名黄酒。自古以来最为著名的黄酒即"绍兴黄酒"，又名"绍兴酒"。黄酒储存时间越长，其味越感醇厚、芳香、甘甜，故有"老酒"之称。"李白斗酒诗百篇"所饮之酒，就是黄酒之类。

白　酒

作为世界六大蒸馏酒之一的中国白酒（其他五种是白兰地、威士忌、朗姆酒、伏特加和金酒），其制造工艺远比世界其他国家的蒸馏酒复杂，原料也是各种各样，特点各有不同，特殊的风味则更是不可比拟的。

（1）按所用酒曲和主要工艺分类。

①固态法白酒。

大曲酒：以大曲为糖化发酵剂，

白　酒

黄　酒

大曲的原料主要是小麦、大麦，加上一定数量的豌豆。大曲又分为中温曲、高温曲和超高温曲。一般是固态发酵，大曲酒所酿的酒质量较好，多数名优酒均以大曲酿成。

小曲酒：小曲是以稻米为原料制成的，多采用半固态发酵，南方的白酒多是小曲酒。

麸曲酒：这是新中国成立后在烟台操作法的基础上发展起来的，分别以纯培养的曲霉菌及纯培养的酒母作为糖化发酵剂，发酵时间较短，由于生产成本较低，为多数酒厂所采用，此种类型的酒产量最大。以大众为消费对象。

②混曲法白酒。主要是大曲和小曲混用所酿成的酒。

③其他糖化剂法白酒。这是以糖化酶为糖化剂，加酿酒活性干酵母（或生香酵母）发酵酿制而成的白酒。

④固液结合法白酒。

半固、半液发酵法白酒：代表是桂林三花酒，以大米为原料，小曲为糖化发酵剂，先在固态条件下糖化，再于半固态、半液态下发酵，而后蒸馏制成的白酒。

串香白酒：采用串香工艺制成，其代表有四川沱牌酒等。还有一种香精串蒸法白酒，此酒在香醅中加入香精后串蒸而得。

勾兑白酒：这种酒是将固态法白酒（不少于10%）与液态法白酒或食用酒精按适当比例进行勾兑而成的白酒。

液态发酵法白酒：又称"一步法"白酒，生产工艺类似于酒精生产，但在工艺上吸取了白酒的一些传统工艺，酒质一般较为淡泊；有的工艺采用生香酵母加以弥补。

此外还有调香白酒，这是以食用酒精为酒基，用食用香精及特制的调香白酒经调配而成。

（2）按酒的香型分（在国家级评酒归类）。

酱香型白酒：以茅台酒为代表。酱香柔润为其主要特点。发酵工艺最为复杂。所用的大曲多为超高温酒曲。

浓香型白酒：以泸州老窖特曲、五粮液、洋河大曲等酒为代表。以浓香甘爽为特点，发酵原料是多种原料，以高粱为主，发酵采用混蒸续渣工艺。发酵采用陈年老窖，也有人工培养的老窖。在名优酒中，浓香型白酒的产量最大。四川、江苏等地的酒厂所产的酒均是这种类型。

清香型白酒：以汾酒为代表，其特点是清香纯正，采用清蒸清渣发酵工艺，发酵采用地缸。

米香型白酒：以桂林三花酒为代表，特点是米香纯正，以大米为原料，小曲为糖化剂。

其他香型白酒：主要代表有西凤酒、董酒、白沙液等，香型各有特征，这些酒的酿造工艺采用浓香型、酱香型或汾香型白酒的一些工艺，有的酒的蒸馏工艺也采用串香法。

啤 酒

啤酒是以大麦和啤酒花为原料制成的一种有泡沫和特殊香味、味道微苦、含酒精量较低的酒。虽然我国在20世纪初才开始出现啤酒厂，但史书记载我国早在3200年前就有一种用麦芽和谷芽做谷物酿酒的糖化剂酿成的称为"醴"的酒，这种滋味甜淡的酒虽然那时不叫啤酒，但我们可以肯定它类似现在的啤酒，只是由于后人偏爱用曲酿的酒，嫌"醴"味薄，以至于这种酿酒法逐步失传，因而也就有了啤酒是否是舶来之物的争议。

（1）根据麦芽汁浓度分类。

低浓度型：麦芽汁浓度在6°～8°（巴林糖度计），酒精度为2%左右，夏季可做清凉饮料，缺点是稳定性差，保存时间较短。

中浓度型：麦芽汁浓度在10°～12°，以12°为常见，酒精含量在3.5%左右，是我国啤酒生产的主要品种。

高浓度型：麦芽汁浓度在14°～20°，酒精含量为4%～5%。这种啤酒生产周期长，含固形物较多，稳定性好，适于贮存和远途运输。

（2）根据酵母性质分类。

上面发酵啤酒：是利用浸出糖化法来制备麦汁，经上面酵母发酵而制成。用此法生产的啤酒，国际上有著名的爱尔淡色啤酒、爱尔浓色啤酒、司陶特啤酒以及波特黑啤酒等。

下面发酵啤酒：是利用煮出糖化法来制取麦汁，经下面酵母发酵而制成。该法生产的啤酒，国际上有皮尔逊淡色啤酒、多特蒙德淡色啤酒、慕尼黑黑色啤酒等。我国生产的啤酒均为下面发酵啤酒。

（3）根据啤酒色泽分类。

黄啤酒（淡色啤酒）：呈淡黄色，

啤 酒

采用短麦芽做原料，酒花香气突出，口味清爽，是我国啤酒生产的大宗产品。其色度（以 0.0011 摩尔碘液毫升数／100 mL 表示）一般保持在 0.5 mL 碘液之间。

黑啤酒（浓色啤酒）：色泽呈深红褐色或黑褐色，是用高温烘烤的麦芽酿造的，含固形物较多，麦芽汁浓度大，发酵度较低，味醇厚，麦芽香气明显。其色度一般在 5 ～ 15 mL 碘液之间。

黑啤（德国）

（4）根据灭菌情况分类。

鲜啤酒：又称生啤酒，是不经巴氏消毒而销售的啤酒。鲜啤酒中含有活酵母，稳定性较差。

熟啤酒：熟啤酒在瓶装或罐装后经过巴氏消毒，比较稳定，可供常年销售，适于远销外埠或国外。

葡萄酒

葡萄酒是指用纯葡萄汁发酵，经陈酿处理后生成的低酒精度饮料。全世界葡萄酒品种繁多，一般按以下几个方面进行葡萄酒的分类：

（1）按酒的颜色分类。

红葡萄酒：葡萄带皮发酵而成，酒色分为深红、鲜红、宝石红等。

白葡萄酒：用白葡萄或红葡萄榨汁后不带皮发酵酿制，色淡黄或金黄，澄

葡萄酒

清透明，有独特的典型性。

桃红葡萄酒：用红葡萄经过短期浸渍发酵酿成的葡萄酒，一般颜色为粉红色。

（2）按酒内糖分分类。

干葡萄酒：亦称干酒，原料（葡萄汁）中糖分完全转化成酒精，残糖量在0.4%以下，口评时已感觉不到甜味，只有酸味和清怡爽口的感觉。干酒是世界市场主要消费的葡萄酒品种，也是我国旅游和外贸中需要量较大的种类。干酒由于糖分极少，所以葡萄品种风味体现最为充分，通过对干酒进行品评是鉴定葡萄酿造品种优劣的主要依据。另外干酒由于糖分低，从而不会引起酵母的再发酵，也不易引起细菌生长。

半干葡萄酒：含糖量在4～12 g/L之间，欧洲与美洲消费较多。

半甜葡萄酒：含糖量在12～40 g/L之间，味略甜，是日本和美国消费较多的品种。

甜葡萄酒：葡萄酒含糖量超过40 g/L，口评能感到甜味的称为甜葡萄酒。质量高的甜酒是用含糖量高的葡萄为原料，在发酵尚未完成时即停止发酵，使糖分保留在4%左右，但一般甜酒多是在发酵后另行添加糖分。中国及亚洲其他一些国家甜酒消费较多。

（3）按含不含二氧化碳分类。

静酒：不含二氧化碳的葡萄酒为静酒。

气酒：含二氧化碳的葡萄酒为气酒，这又分为两种：

①天然气酒：酒内二氧化碳是发酵中自然产生的，如法国香槟省出产的香槟酒。

②人工气酒：二氧化碳是用人工方法加入酒内的。

（4）按酿造方法分类。

天然葡萄酒：完全用葡萄为原料发酵而成，不添加糖分、酒精及香料的葡萄酒。

特种葡萄酒：是指用新鲜葡萄或葡萄汁在采摘或酿造工艺中使用特种方法酿成的葡萄酒，又分为：

①利口葡萄酒：在天然葡萄酒中加入白兰地、食用精馏酒精或葡萄酒精、浓缩葡萄汁等，酒精度为15%～22%的葡萄酒。

②加香葡萄酒：以葡萄原酒为酒基，经浸泡芳香植物或加入芳香植物的浸出液（或蒸馏液）而制成的葡萄酒。

③冰葡萄酒：将葡萄推迟采收，当气温低于−7 ℃时，使葡萄在树体上保持一定时间，结冰，然后采收、带冰压榨，用此葡萄汁酿成的葡萄酒。

④贵腐葡萄酒：在葡萄成熟后期，葡萄果实感染了灰葡萄孢霉菌，使果实的成分发生了明显的变化，用这种葡萄酿造的葡萄酒。

（5）按饮用方式分类。

开胃葡萄酒：在餐前饮用，主要是一些加香葡萄酒，酒精度一般在18%以上，我国常见的开胃酒有"味美思"。

佐餐葡萄酒：同正餐一起饮用的葡萄酒，主要是一些干型葡萄酒，如干红葡萄酒、干白葡萄酒等。

待散葡萄酒：在餐后饮用，主要是一些加强的浓甜葡萄酒。

除了以上的分类方法外，还有葡萄蒸馏酒（一般称白兰地）和加香（添加芳香性植物）葡萄酒。

（6）按酒精度分类。

一般的葡萄酒酒精度不是很高，最常见的干白和干红葡萄酒的酒精度一般为11%～13%，如果你看到有酒精度为13%的干红，不要犹豫，立即买回去好了，因为对于此类葡萄酒，酒精度能达到13%，绝对是极品。

酒 具

酒具原是指制酒、盛酒、饮酒的器具。在不同的历史时期，由于社会经济的不断发展，酒具的制作技术、材料、外形自然而然会产生相应的变化，故产生了种类繁多的酒具。酒具的发展变化，体现了丰富的文化背景，反映了酒俗的演变，具有十分丰富的文化内涵。

酒具的演变

最原始的酒具是自然界中的自然物，如贝壳、葫芦、动物的犄角等，在石器时代已有之。典籍上曾记载，形容古代盛宴"觥筹交错"的觥，最先即是用兽角制的原始盛酒器。尔后利用坚硬的瓜果外壳制作饮具，最为典型的莫过于用葫芦的外壳制成的酒瓢，这是广泛应用于民间的原始饮具。从文字学角度切入，觚、觥、觯、觞等酒具均有个"角"字，瓠、瓢、瓥等酒具均有个"瓜"字。

陶制酒具

觚

酒 瓢

据考古发现，我国最早的酒具是陶制酒具。从我国新石器时代的遗址中，考古发掘了众多的形制不同的陶土烧制的酒具。

至商代时，由于酿酒技术的逐渐发展成熟，酒具的种类也发展到盛酒、温酒、饮酒、贮酒等各种类别。这些酒具形制端庄厚重，式样沉雄敦实，古朴美观。器身多以"饕餮纹""夔龙纹""鸟兽纹""蝉纹"装饰，造型神秘狞厉，显示出奴隶主贵族的尊严和不可侵犯。其中模拟自然界动物的立体形状造成的酒具，又表现出奴隶主阶级对美好事物的向往和对吉祥的渴盼，以及祈求神灵凶物保护的心情，如虎形酒具、羊形酒具、牛形酒具、象形酒具、鸮形酒具等。

春秋战国、秦汉时期，青铜酒具逐步向古朴、鲜明的漆器酒具发展过渡，形制有樽、杯、壶、缶、舟等各式酒具。至汉代时，漆制的酒具已十分精致。漆制酒具，其形制基本上继承了青铜酒器的形制。有盛酒器具、饮酒器具。饮酒器具中，漆制耳杯是常见的。

汉代，人们饮酒一般是席地而坐，酒樽放在席地中间，里面放着挹酒的勺，饮酒器具也置于地上，故形体较矮胖。魏晋时期开始流行"坐床"，酒具变得较为瘦长。

隋唐时代，随着瓷器制造业的迅猛发展，瓷制酒具逐步取代了其他质

虎形酒具

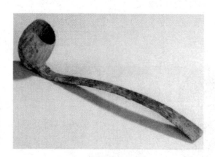

挹酒的勺

唐代绿釉酒杯

地的酒具，成为最普及、日常应用最为广泛的饮酒器具。

瓷器与陶器、漆器相比，不管是酿造酒具还是盛酒或饮酒器具，瓷器的性能都超越了陶器、漆器。唐代的酒杯形体比过去的要小得多，故有人认为唐代出现了蒸馏酒。唐代开始使用桌子，饮酒不再"坐床"而是"就桌"，因而出现了一些适于在桌上使用的酒具，如注子，唐人称为"偏提"，其形状似今日之酒壶，有喙，有柄，既能盛酒，又可注酒于酒杯中，因而取代了以前的樽、勺。宋代人喜欢将酒温热后饮用。故发明了注子和注碗配套组合。使用时，将盛有酒的注子置于注碗中，往注碗中注入热水，可以温酒。

宋代与唐代相比酒具均变得更加小巧，小盅、小盏、小瓯雅致玲珑。这种变化的原因首先是唐人狂狷喜豪饮，宋人内敛爱小啜；其次是宋代烧酒含酒精度更高了，小酌、小啜即可入酩酊之乡。宋代制瓷业空前繁荣，南方如冰似玉的"青瓷"和北方如霜似雪的"白瓷"竞相辉映，出现了大量色泽温润、绚丽、晶莹如玉的瓷制酒器。宋以后不但瓷的发展业已定型，酒亦发展成烧酒独尊，故酒具的形制呈稳定之势。明清时，瓷制酒具更是精彩纷呈，工艺水平日臻完美。尤其是青花瓷酒具绘以山水、花鸟、人物、故事，成为真正的艺术品，使饮酒者在传杯换盏之际，同时也得到文化的熏陶和美的享受。

宋代的小盅

金杯

在我国历史上还有一些独特材料或独特造型的酒具，虽然不很普及，但具有很高的欣赏价值，如金、银、象牙、玉石、景泰蓝等材料制成的酒具。金、银、锡所制成的酒具古已有之，明时又出现了景泰蓝酒具，玉制酒具的历史更为悠久，可上溯到汉代甚至石器时代。由于玉质珍稀昂贵，只为上层有权阶级所拥有。唐代的夜光杯，用祁连山老玉雕琢而成。玉酒具做工精细，式样美观，有墨绿、鹅黄、羊脂白等不同颜色，色泽温润绚丽，花纹天然，光亮透明。

清代的饮酒具九龙杯，杯中雕有盘曲的蛟龙，九尾缠结，杯底有小孔与九尾相通，注酒入杯，九尾也满盛酒液，注酒过量，酒液自然下泻。这一奇妙的设计，既起到节饮的作用，又体现了中国酒文化的精神，也符合中国传统文化的中庸之道。但这些酒器在酒文化中影响不大，只可显示身份地位、富有程度，使用价值也不高。

玉杯

九龙杯

古代不同形制的酒器

杯：饮酒具。状似舟，但为弧形耳，俗称"耳杯"。20世纪70年代从湖南长沙马王堆西汉古墓中，曾出土了成套精致的漆耳杯。本身刻有"君幸酒""君兴食"的铭文，说明耳杯当时不仅作为饮具，还作为盛放食物的盛具来使用。至我国南北朝时，耳杯逐渐被碗、钵等取代。

壶：盛酒具。原始的酒壶用陶土烧制，并仿葫芦状形制制成。商代的酒壶为扁圆形，带贯耳（管状耳）和圈足。周代壶多为圆形、长颈、大腹，并有壶盖。壶身两侧有兽头辅首衔环耳。春秋时酒壶有扁圆或方形壶。壶盖上有莲花瓣状的饰纹，圈足下雕有伏兽。战国时的酒壶又有圆形、方形、扁形、弧形等多种。汉代时又称壶为"钫""钟"等。

青铜耳杯

贯耳壶

马王堆出土的汉代耳杯

现代酒壶

樽：古代盛酒器。其形状有的似鼎，但身下三足较矮，并在腹部有双环，这种器物的铭文都称"酒樽"。另外，还有一种圆筒形带盖，底部有三个短足形状的樽，形似古代的"奁"，但其铭

樽

文书"温酒樽"。从中可看出樽还可作为温酒器具。约至唐代晚期，樽作为酒具逐渐被替代。

角：古代酒器中的盛酒和温酒器。由青铜材料制成，形似爵而无柱，两尾对称，有盖。出现于商代和西周初。《礼记·礼器》记载："宗庙之祭，尊者举觯，卑者举角。"宋代尚有沿用。《东京梦华录》记载："银瓶酒，七十二文一角；平角酒，八十文一角。"《水浒传》第三回也有"鲁达先打四角酒""吃了两角酒"的描述。

角

勺：古代盛酒器中舀酒的器具。由青铜制成，形如有曲柄的小斗。《仪礼·乡射礼》记载："两壶斯禁，左玄酒，皆加勺。"《觥记注》记载："勺者，挹酒之器，容一升，与杓同。"

酒 勺

觥：古代斟酒器。青铜制，器腹椭圆，有流及鋬，底有圈足，有兽头形器盖，也有整器作兽形的，并附小勺；盛行于商代、周初。

青铜觥

附录二
中国酒文化

141

羽觞

扁壶

厄：饮酒具。圆筒状带把手和盖，有三个小足，状如有把手的杯子。

舟：饮酒具。椭圆形，平底，腹部两侧各有一环形耳。因其状如小船而称其为"舟"。至战国后期时，舟逐渐由杯取而代之。

缶：盛酒具。圆身，大腹，有盖，腹部装饰有四个圆形，状似壶。

厄

舟

缶

羽觞：又称"耳杯"，古代饮酒具。因其身呈椭圆形，两侧有对称的半月形耳，状似鸟之双翼，故名。盛行于东汉两晋时期。东汉时有绿釉陶羽觞，两晋时使用较多、较为著名的为青瓷羽觞。

区：盛酒器。为圆口、扁圆形腹、方形圈足的壶形盛器。器物铭文上篆刻"区"字，俗称"扁壶"。

酒 礼

中国素有"礼仪之邦"的美誉。自三代以来，礼就成为人们社会生活的总准则、总规范。古代的礼渗透到政治制度、伦理道德、婚丧嫁娶、风俗习惯等各个方面，酒行为自然也纳入了礼的轨道，这就产生了酒行为的

古代敬酒图

礼节——酒礼，用以体现酒行为中的贵贱、尊卑、长幼乃至各种不同场合的礼仪规范。这里所说的"礼"，即指人们的行为规范、规矩、仪节等。中国古代文化史专家柳诒征先生认为："古代初无尊卑，由种谷作酒之后，始以饮食之礼而分尊卑也。"我国自古有"酒以成礼"之说。

史前时代，酒产量极少，又难以掌握技术，先民平时不得饮酒。只有当崇拜祭祀的重大观庆典礼之时，才可依一定规矩分饮。饮必先献于鬼神。饮酒，同神鬼相接，同重大热烈、庄严神秘的祭祀庆典相连，成为"礼"的一部分，是"礼"的演示的重要程序，是"礼"得以成立的重要依据和"礼"完成的重要手段。

到了西周，酒礼成为最严格的礼节。周公颁布的《酒诰》，明确指出天帝造酒的目的并非供人享用，而是为了祭祀天地神灵和列祖列宗，严申禁止"群饮""崇饮"，违者处以死刑。周公曾严厉告诫臣属"饮惟祀，德将无醉"。只有祭祀时才可以喝酒，而且绝不允许喝醉。酒，在先民看来，与祭祀活动本身一样，都具有极其神秘庄严的特质。

碰 杯

用酒祭祀庆典

《酒 箴》

王元勋《春夜宴桃李图》

秦汉以后，随着礼乐文化的确立与巩固，酒文化中"礼"的色彩也愈来愈浓，《酒戒》《酒警》《酒觞》《酒诰》《酒箴》《酒德》《酒政》之类的文章比比皆是，完全把酒纳入了秩序礼仪的范畴。为了保证酒礼的执行，历代都设有酒官。周有酒正、汉有酒士、晋有酒丞、齐有酒吏、梁有酒库丞、隋有良酝署，唐宋因之。

中国古代是"礼治社会""以礼治天下"，其中强调的是：礼仪、等级，尊卑、长幼之序，天地至尊，祖先至长。君乃国之主，父为家之主。礼序之道体现在饮酒之道中，君先饮，臣后饮，君臣可共饮而不可对饮，父子亦然。溯其因，饮酒之始时，生产力低下只能如此。在铁制工具的冲击下，春秋时期礼崩乐坏。酒之为序、为仪也产生了许多变化，总的趋势是发展为"俗"。

酒 俗

酒由礼序、礼仪发展成礼俗，说明酒已能为世人所共享。序、仪成俗的过程中，无疑是对序、仪的扬弃过程，能成俗者与时俱进、与世俱新。经过数千年的筛选，酒礼已融入年节、时令之中，并起到了锦上添花的作用。农耕民族的节日均和时令有一定联系，不论节日还是时令，大多离不开酒。丰收后有余粮才能酿酒，有酒喝也就意味着丰衣足食、国泰民安。

农历正月初一是中国最悠久、最隆重、最富有民族特色的传统节日——春节，俗称过年。汉武帝时规定正月初一为元旦；辛亥革命后，正月初一改称为春节。在春节众多的习俗中，饮酒是非常重要的。腊月二十三有"过小年"之说，要举行祭灶活动。腊月三十晚上要祭祖。这两项祭祀活动中都要在供案上置酒，然后行礼致祭。祭祖后吃"年夜饭"。席间要向长者敬酒，相互间也要举杯祝酒。春节饮酒，最初也是出自辟恶驱邪、祛病强身这个功利动因。根据中医典籍和风俗志书记载，春节饮用屠苏酒，"不病瘟疫"，饮椒花酒（椒柏酒），"辟一切疫疠不正之气"。庾信的"正旦辟恶酒，新年长命杯"，是春节酒俗内涵的精辟之言。

正月十五元宵节又称上元节、灯节。初唐之时已经有了元宵夜相聚宴饮的习俗。火树银花，宝马香车，再加上美酒佳肴，歌舞丝竹。在这张灯结彩的节日里，不仅市面上的各家酒肆里酒客云集，买卖兴旺，黎民百姓家也多设宴以庆佳节。

清明节与酒的关系也很密切。古人一般将寒食节与清明节合为一个节日，有扫墓、踏青的习俗。清明扫墓时要举行祭祀，在坟前醮酒致奠。清明节饮酒有两种原因：一是寒食节期

清《岁朝欢庆图》（局部）

间，不能生火吃热食，只能吃凉食，饮酒可以增加热量；二是借酒来平缓或暂时麻醉人们哀悼亲人的心情。唐代诗人杜牧的《清明》诗云："清明时节雨纷纷，路上行人欲断魂。借问酒家何处有，牧童遥指杏花村。"

农历五月五日是端午节。人们为了辟邪、除恶、解毒，有饮菖蒲酒、雄黄酒的习俗。

农历八月十五日中秋节，在这个节日里，无论家人团聚，还是挚友相会，人们都离不开赏月饮酒。月与酒自古就有着不解之缘，多少诗人既嗜酒如命，又以月为魂。

农历九月初九日重阳节登高之时要饮菊花酒。

酒与民俗不可分。诸如农事节庆、婚丧嫁娶、生宴寿席、庆功祭奠、奉迎宾客等民俗活动，酒都成为中心物质。农事节庆时的祭拜庆典若无酒，缅怀先祖、追求丰收富裕的情感就无以寄托；婚嫁之无酒，白头偕老、忠贞不二的爱情无以明誓；丧葬之无酒，后人忠孝之心无以表述；生宴之无酒，人生礼趣无以显示；饯行洗尘苦无酒，壮士一去不复返的悲壮情怀无以倾诉。总之，无酒不成礼，无酒不成俗，离开了酒，民俗活动便无所依托。

端午饮黄酒

菊花酒

酒文学

　　在中国历史上，这种关系可以说是中华民族饮食文化史上的一种特有现象，是一种特定的历史现象，是一座不可企及的历史文化高峰。这种特有的文化现象，既是属于中国历史上的，也是属于历史上的中国的。它是文化人充分活跃于政治舞台与文酒社会，以及文化被文化人所垄断的历史结果；是历史文化在封建制度所留有的自由空间里充分发展的结果。

　　这种酒低酌慢饮，酒精刺激神经中枢，使兴奋中心缓慢形成，"渐乎其气，甘乎其味，颐乎其韵，陶乎其性，通乎其神，兴播乎其情"，然后比兴于物、直抒胸臆，如马走平川、水泻断崖、行云飞雨、无遮无碍！酒对人的这种生理和心理作用，这种慢慢吟来的节奏和韵致，这种饮法和诗文创作过程中灵感迸发内在规律的巧妙一致与吻合，使文人更爱酒，

文人饮酒图

与酒结下了不解之缘，留下了不尽的趣闻佳话，也易使人从表面上觉得，似乎兴从酒出、文自酒来。于是，有会朋延客、庆功歌德的喜庆酒，有节令佳期的欢乐酒，有祭祀奠仪的"事酒"，有哀痛忧悲的伤心酒，有郁闷愁结的浇愁酒，有闲情逸致的消磨酒……"心有所思，口有所言"，酒话、酒诗、酒词、酒歌、酒赋、酒文——酒文学便油然而发，蔚为大观，成为中国文学史上的一大奇迹！

纵观中国文坛，与美酒结下不解之缘的文人不计其数，尤其是那些才思敏捷的诗人，他们诗兴的涌动、情感的抒发无不与美酒相伴。

曹操对酒当歌，发出了"人生几何，譬如朝露，去日苦多"的感慨。作者深感人生短暂，不能虚度年华，应当慷慨立志，以成就大业。无奈大志未酬，遂成殷忧，"何以解忧，唯有杜康"。可见作者是借酒与诗消愁。

诗，是人类劳动产生的高雅的文学奇葩；酒，诗人类物质产生的精华琼浆；诗人是以诗赞酒，以酒著诗的载体。从古至今，诗与酒就交织在一起，而诗人与酒也结下不解之缘，从而形成独具中国特色的"中国诗酒文化"。纵观诗酒文化发展史，诗的形成到酒的出现，两者即结合在一起，酒醉诗情，诗美酒醉，诗借酒神采飞扬，酒借诗醇香飘逸。诗与酒相映生辉，形成绚烂的文明景观。尤其是唐宋诗人们借助酒兴而抒发的感情和书写的生活而成的诗，更是脍炙人口，传为佳话。概括起来有以下几种：酒写民俗风情、酒写欢乐闲适、以酒塑造人物、以酒遥寄乡思、以酒寄寓深情、以酒尽显豪情、借酒写景、以酒写愁。

谈到酒文化，不得不谈一点儿唐宋的酒文化，而唐宋的酒文化又体现在一些唐诗、宋词与诗人上。

陈洪绶《新霁索人酒诗册》(部分)

酒与诗人

"醉圣"李白

说起诗与酒，当推崇唐代大诗人李白。在他灿烂的诗篇中，无处不飘香着他的诗酒文化。"兰陵美酒郁金香，玉碗盛来琥珀光。但使主人能醉客，不知何处是他乡。"对诗酒如此的沉迷，当真是到了"成仙"的程度。

李白嗜酒，人称"醉圣""酒仙"，史书上记载他"每醉为文章，为少差错，与醉之人相谈议事，皆不出其所见"。客居任城时，与鲁中诸生孔巢父、韩沔、张叔明、裴政、陶沔在徂徕山，日日酣歌纵酒，时号"竹溪六逸"。杜甫《饮中八仙歌》赞之："李白斗酒诗百篇"。又有人称其诗："《乐府》之外……言酒者固多"。保留下来的1500多首诗中，写到饮酒的达700多首，其他的或多或少都带有一点的酒味。其中的《独酌》《将进酒》《襄阳歌》等流传甚广。

李白

"酒豪"杜甫

杜甫14岁时就称"酒豪"，其酒量与李白不相上下，他一生坎坷，得意之日少，困苦之日多，不仅与李白高兴时酒酣登台，慷慨怀古，也与田翁共饮，经常酒债高筑，"朝回日日典春衣，每日江头尽醉归。酒债寻常行处有，人生七十古来稀"。曾哀痛地感叹道"蜀酒禁难得，无钱何处赊"，直到晚年还"数茎白发那抛的，百罚深怀亦不辞""莫思身外无穷事，且尽生前有限杯""浅把涓涓，深凭此此身"。他对酒体味很深，因而才有《饮中八仙歌》之作，杜甫现存诗文1400多首中写到饮酒的酒有300多首，他的诗歌深刻地反映了当时的社会面貌，被誉为"史诗"。杜甫少年即豪饮，世称"少年酒豪"，嗜酒

杜甫

如命。"百罚深杯亦不醉",他喝酒"饮如长鲸吸百川",只可惜"耽酒须微禄",他一生穷苦潦倒,"街头酒家常苦贵""酒债寻常行处有",后半生难得见他有几回"痛饮狂歌"的日子。

"醉司马"白居易

白居易晚年自号"醉吟先生",诗酒不让李杜,作有关酒之诗800首,写讴歌饮酒之文《酒功赞》。白居易的诗歌通俗浅切地反映了社会现实,直率地抒发了个人情怀。他在诗歌中的

白居易

题材、风格表现形式等方面摆脱了盛唐诗的传流,为后人的诗、词开启了新的门径。他的诗《琵琶行》真可谓诗千古绝唱。他死前要求简葬,只带坛酒入墓,由此可见,他对酒情有独钟,难舍难分。后来传说有盗墓者挖掘坟墓,先见一坛子,打开后酒香且溢,不禁喝的酩酊大醉,这才保住了香山居士的遗骨。白居易墓中藏酒,真可谓料事如神矣。

其 他

北宋初年,范仲淹是"酒入愁肠,化作相思雨",晏殊是"一曲新词酒一杯",柳永是"归来中夜酒醺醺"。

元祐时期,欧阳修是"文章太守,挥毫万字,一饮于钟",苏轼是"酒酣胸胆尚开张""但优游卒岁,且斗樽前"。

南渡时期的女词人李清照,可算酒中巾帼,她的"未篱把酒黄昏后""浓睡不消残酒""险韵诗成,扶头酒醒""酒美梅酸,恰称人怀抱""三杯两盏淡酒,怎敌他,晚来风急",写尽了诗酒飘雪。继之而起,驰骋诗坛的陆游,曾以《醉歌》明志"方我吸酒时,江山入胸中,肺肝生崔嵬,吐出为长虹",一腔豪情,借酒力增强发泄。

宋词之大成的辛弃疾"少年使酒",中年"曲岸持觞,垂杨系马",晚年"一尊搔首东窗里""醉里挑灯看剑",以酒写闲置之愁,报国之志,使人感到"势从天落"的力量。

综观中国的诗酒文化,诗人与酒结下了不解之缘,在文化人圈子里往往是诗增酒趣,酒扬诗魂;有酒必有诗,无酒不成诗;酒激发诗的灵感,诗增添酒的神韵。诗人与酒,如影随形。

酒与书画

从古至今，文人骚客总是离不开酒，诗坛书苑画界皆是如此。他们或以名山大川陶冶性情，或花前酌酒对月高歌，往往就是在"醉时吐出胸中墨"。醇酒之嗜，激活了两千余年不少书画家的灵感，为后人留下数以千万的艺术精品。他们酒后兴奋地引发绝妙的柔毫，于不经意处倾泻胸中真臆，令后学击节赞叹，甚至顶礼膜拜。

书法"酒"

书法有草书，笔走龙蛇是狂草，狂者非笔狂，心逞、心驰也。绘画有写意，意突发，念突生，泼墨即成心中的画境。书法中有"恭笔小楷"，绘画中有"尺规小品"。狂草与恭笔小楷，泼墨与尺规小品，比之于酒，正如豪饮与小酌也。

书圣王羲之，于东晋永和元年与好友聚于绍兴兰亭。流觞曲水，吟诗作赋，提笔草《兰亭集序》。笔兴随酒兴而生，笔力、笔韵随酒力、酒韵而成。"遒媚劲健，绝代所无"，全文三百余字中，即有"之"字十九个，但笔式各异笔韵不同，"千古极品"就在酒中问世了。而至酒醒时"更书

《兰亭集序》

数十本，终不能及之"。究其因由，非物境、人境、酒境合一，于憩然之中挥毫，实难一气呵成旷世极品，三境难再现，《兰亭集序》也就难再现。极品本自天成，亦是酒成。

草圣张旭"每大醉，呼叫狂走，乃下笔"，于是有其"挥毫落纸如云烟"的《古诗四帖》。

李白写醉僧怀素："吾师醉后依胡床，须臾扫尽数千张。飘飞骤雨惊飒飒，落花飞雪何茫茫。"怀素酒醉泼墨，方留其神鬼皆惊的《自叙帖》。

画家中郑板桥，传说其字画不能轻易得到，于是求者拿美酒款待，在郑板桥的醉意中求字画者即可如愿。郑板桥也知道求画者的把戏，但他耐不住美酒的诱惑，只好写诗自嘲："看月不妨人去尽，对月只恨酒来迟。笑他缣素求书辈，又要先生烂醉时。"郑板桥在酒中"神与物游""物我两忘"，其书画均怪，书画均绝。

"吴带当风"的画圣吴道子，《历代名画记》中说他"每欲挥毫，必须酣饮"，作画前必酣饮大醉方可动笔，醉后为画，挥毫立就。唐明皇命他画嘉陵江三百里山水的风景，他能一日而就。

宋代的苏轼是一位集诗人、书画家于一身的艺术大师，尤其是他的绘画作品往往是乘酒醉发真兴而作，黄山谷题诗说："东坡老人翰林公，醉时吐出胸中墨。"

"元四家"中的黄公望也是"酒

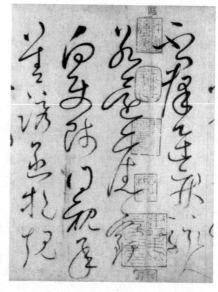

《自叙帖》

不醉，不能画""暂借酒力长精神"。酒与书法、绘画的缘分，书画家与酒的精彩故事在明清时期仍是层出不穷。

酒文化还是画家们创作的重要题材，诸如文会、雅集、夜宴、月下把杯、蕉林独酌、醉眠、醉写……无一不与酒有关，无一不在历代中国画里反反复复出现过。杜甫写过一首题为《饮中八仙》的诗，讴歌了贺知章、李琎、李适之、李白、崔宗之、苏晋、张旭、焦遂等八位善饮的才子。此后，"饮中八仙"也就成了画家们百画不厌的题材了。

酒　令

酒令也称行令饮酒，是酒席上饮酒时助兴劝饮的一种游戏。通常情况是推一人为令官，余者听令，按一定的规则，或划拳，或猜枚，或巧编文句，或进行其他游艺活动，负者、违令者、不能完成者，无罚饮，若遇同喜可庆之事项时，则共贺之，谓之劝饮，含奖勉之意。相对地讲，酒令是一种公平的劝酒手段，可避免恃强凌弱、多人联手算计人的场面，人们凭的是智慧和运气。酒令是酒礼施行的重要手段。

酒令的产生可上溯到东周时代。《战国策》是西汉末齐向根据战国末年开始编定的有关游说之士言行和各种小册子总纂而成的，故此酒令的出现，距今已有 2100 多年的历史。

汉代，由于国家的统一，经济空前繁荣，人民过着安定的生活，饮酒行令之风开始盛行。在东汉时期还出现了贾逵编纂的《酒令》专著。

唐宋是中国古代最会玩儿的朝代，酒令当然也丰富多彩。白居易便有"筹插红螺碗，觥飞白玉卮"之咏。酒令在明清两代的发展更是五花八门、琳琅满目。

酒令分雅令、通令、筹令等。所谓雅令，即行令时"引经据典，分韵联吟，当筵构思者"。白居易曰："闲征雅令穷经史，醉听新吟胜管弦。"认为酒宴中的雅令要比乐曲佐酒更有意趣。雅令的行令方法是：先推一人为令官，或出诗句，或出对子，或拆字，或改字，其他人按首令之意续令，所续必在内容与形式上相符，不然则被罚饮酒。因行雅令时，必须引经据典，分韵联吟，当席构思，即席应对，这就要求行酒令者既有文采和才华，又要敏捷和机智，因而对行令者的文化素养要求颇高。虽说不上要博古通今，至少也要熟读儒家经典和古今文艺名篇。

流觞传花

曲水流觞是古人所行的一种带有迷信色彩的饮酒娱乐活动。在水之上游放置一只酒杯，任其漂流曲转而下，酒杯停在谁的面前，谁就要取饮吟诗。也有人用花来代替杯，用顺序传递来象征流动的曲水。传花地程中，以鼓击点，鼓声止，传花亦止。花停在谁的手上，犹如飘浮的酒杯停要谁的前面，谁就被罚饮酒。与曲水流觞相比，击鼓传花已是单纯的饮酒娱乐活动，它不受自然条件的限制，很适合在酒宴席上进行，宋代孙宗鉴《东皋杂录》中称，唐诗有"城头击鼓传花枝，席上搏拳握松子"的记载，可见唐代就已盛行击鼓传花的酒令。在无任何器具的情况下，文人饮酒行令，又常和诗句流觞。曲水流觞是一种很古老的民俗活动，后世不少酒令都是由流觞脱胎变化出来的，堪称我国酒令之嚆矢。

拆字令

拆字本是古代一种占卜法，术士令求卜者任说一字，加以分合增减，随机附会，解释吉凶。宋代以后，人们把拆字引入作诗，遂有"拆字诗"；引入酒令，而成拆字令。拆字令有多种形式，其一为拆字贯成句令。行令方法：一字拆开成一句，再一字拆开成一句，最后以古诗贯串。古诗中须含上述拆合之字。

春字诗令

每人吟诗一句，要求"春"字在句首，合席依次轻吟，如"春宵一刻值千金""春城无处不飞花"。也有要求每人吟诗一句，第一人所吟之诗句必须"春"字居首，第二人所吟之句春字居二，依次而降至"春"字居第七字后，再从头起。如"春城无处不飞花""新春莫误由人意""却疑春色在人家""草木知春不久归""十二街中春色遍""昨夜日日典春花""诗家情景在新春"。

所谓通令，"其俗不伤雅，不费思索，可以通行者"。这种酒令运用范围很广，凡筵席上不拘何种人均可行此令。其主要形式有二：骰子令和猜拳。通令很容易造成酒宴中热闹的气氛，因此较流行。

猜点令

令官用骰筒以两枚骰子摇。摇毕置于桌上，秘而不宣。全席间一人猜所得之点数。猜毕，当众开启摇筒数点，不中，猜者自饮一杯；中，则令官饮一杯。

六顺令

合席用一枚骰子轮摇，每人每次摇六回，边摇边说令辞，曰：一摇自饮幺，无幺两邻挑；二摇自饮两，无两敬席长；三摇自饮川，无川对面端；四摇自饮红，无红奉主翁；五摇自饮梅，无梅任我为；六摇自饮全，非全饮少年。

捉曹操令

制筹十二枝，分填上诸葛亮、曹操、蜀五虎将（关羽、张飞、赵云、马超、黄忠）、魏将五人（许褚、典韦、张辽、夏侯惇、夏侯渊）。由十二人分抽，抽到酒筹的人不得声张，要保密。然后由抽到诸葛亮的人开始猜点曹操。第一次就猜点到持曹操酒筹的人，此人便饮五杯，若是第二次猜著，饮四杯，第三次猜著饮三杯，持诸葛亮酒筹的人也得自饮一杯。如果猜点到蜀汉五虎将，可令其代为猜点曹操。如果猜点到魏将，则发一小令，让蜀汉五虎将之一与魏将猜拳，然后以此类推，继续进行。

酒　市

酒　店

　　酒店又有酒楼、酒馆、酒家等称谓，在古代，泛指酒食店。中国酒店的历史由来以久，饮食业的兴起，可以说是伴随商业而产生的。

　　酒肆的"肆"，意为"店""铺"，古代一般将规模较小、设务简陋的酒店、酒馆、酒家统称为"酒肆"。

　　唐宋时期，酒店十分繁荣。就经营项目而言，有各种类型的酒店。如南宋杭州，有专卖酒的直卖店，还有茶酒店、包子酒店、宅子酒店（门外装饰如官仕住宅）、散酒店（普通酒店）、苍酒店（有娼妓）。

　　就经营风味而言，宋代开封、杭州均有北食店、南食店、川饭店，还有山东河北风味的"罗酒店"。

　　明清时期酒店业进一步发展。早在明初，太祖朱元璋承元末战争破坏的经济凋敝之后，令在首都应天（今南京）城内建造十座大酒楼，以便商旅、娱官宦、饰太平。

　　明清时期除了地外繁华都市的规模较大的酒楼、酒店之外，更多的则是些小店，但这些远离城镇偏处一隅的小店却是贴近自然、淳朴轻松的一种雅逸之趣。因而它们往往更能引得文化人的钟情和雅兴。明清两工的史文典献，尤其是文人墨客的笔记文录中多有此类小店引人入胜的描写。

　　清代酒肆的发展，超过以往任何时代。"九衢处处酒帘飘，涞雪凝香贯九霄。万国衣冠咸列坐，不方晨夕恋黄娇。"（清·赵骏烈《燕城灯市竹枝词·北京风俗杂咏》）清代，一些酒店时兴将娱乐活动与饮食买卖结合起来，有的地区还兴起了船宴、旅游酒店以及中西合璧的酒店，酒店业空前繁荣。中国酒店演变的历史，总的趋势是越来越豪华，越来越多样化。

酒　旗

作为一种最古老的广告形式，酒旗在我国已有悠久的历史。《韩非子·外储说右上》记载："宋人有酤酒者，升概甚平，遇客甚谨，为酒甚美，悬帜甚高……"这里的"悬帜"即悬挂酒旗。

酒旗在古时的作用，大致相当于现在的招牌、灯箱或霓虹灯之类。在酒旗上署上店家字号，或悬于店铺之上，或挂在屋顶房前，或干脆另立一根望杆，让酒旗随风飘展，招徕顾客。除此之外，酒旗还有传递信息的作用，早晨起来开始营业，有酒可卖，便高悬酒旗；若无酒可售，就收下酒旗。《东京梦华录》里说："至午未间，

家家无酒，拽下望子。"这"望子"就是酒旗。有的店家是晚上营业，如刘禹锡《堤上行》诗里提到一酒家"日晚出帘招客饮"，一般都是白天营业，傍晚落旗。

匾　对

匾、对为两物，匾县之门楣或堂奥，其数一（虽庙宇等殿堂有非一数者，但极为特殊）；对则列于抱柱或门之两侧，或堂壁两厢。古时多为木、竹为之，亦有金属如铜等为之者。匾对的意义应互相照应连贯，匾文多寓意主旨。古代酒店一般都有匾对，有的还多至数对或更多。这些匾对目的在于招徕顾客，吸引游人。匾对内容或辑自传统诗文名句，或由墨客文士撰题，本身又是书法或诗文艺术作品。

匾对之于酒店，是中国传统文化的一大特点，亦是中国食文化的一大成就。

酒　旗

酒　匾

酒　人

酒人是一切爱酒、嗜酒者的统称。但中国历史上酒事纷纭复杂，酒人五花八门，绝难统为简单品等。若依酒德、饮行、风藻而论，历代酒人似可略区分为上、中、下三等，等内又可分级，可谓三等九品。上等是"雅""清"，即嗜酒为雅事，饮而神志清明。中等为"俗""浊"，即耽于酒而沉俗流、气味平泛庸浊。下等是"恶""污"，即酗酒无行、伤风败德，沉溺于恶秽。纵观一部数千年的中国酒文化史，以这一标准来评点归类，历史上的酒人名目大致如下：

上上品

上上品可谓"酒圣"。历史上有许多可以列为酒圣的文学圣手、思想哲人，他们饮酒不迷性，醉酒不违德，相反更见情操之传岸、品格之清隽，更助事业之成就。

上中品

上中品谓"酒仙""酒逸"辈。"酒仙"是虽饮多而不失礼度，不迷本性，为潇洒倜傥的酒人。

上下品

上下品谓"酒贤""酒董"辈。孔子云："唯酒无量不及乱。"这应当是酒贤的规范。喜欢有节，虽偶至醉亦不越度，谈吐举止中节合规，犹然儒雅绅士、谦谦君子风度。此谓有"酒德"，是深得酒中三味——"酒中趣"者。

中上品

中上品当指"酒痴"。此辈人沉

古人饮酒

涵于酒而迷失性灵，沉沦自戕，达到痴迷的地步。

中中品

中中品当指"酒颠""酒狂"之类。晋人阮籍、刘伶堪为代表。

中下品

中下品当指"酒荒"。此辈人沉涵于酒，荒废正业，且偶有使气悖德之行。三国刘琰"禀性空虚，本薄操行，加有酒荒之病"。（《三国志·蜀志·刘琰传》传四十）晋人王忱"性任达不拘，末年尤嗜酒，一饮连月不醒，或裸体而游，每叹三日不饮，便觉形神不相亲。妇父尝有惨，忱乘醉吊之，妇父恸哭，忱与宾客十许人，连臂被发裸身而入，绕之三匝而出。此所行多此类"。（《晋书·王忱传》卷七十五）晋人胡母辅之、谢鲲、光孟祖等可视为同类。

下上品

下上品是"酒徒"辈。饮必过，沉沦酒事，少有善举，已属酒人下流。曾与猪共饮而在中国历史上留下"豕饮"典故的晋人阮咸常醉不醒，骑在马背上右摇右晃，"如乘船行波浪中"。阮咸以及晋代码王的王恭、三国时的郑泉等应均属此类酒人。

下中品

下中品是史文所谓"酒疯""酒头""酒魔头""酒糟头"辈，可以统称为"酒鬼"。指嗜酒如命、饮酒忘命、酒后发狂、醉酒糊涂，甚至为酒亡命一类的酒人。现今社会亦多有此类酒人。

下下品

下下品类是"酒贼"辈，为酒人之最末一流、最下之品。此类酒人人品低下，不仅自身因酒丧德无行，且又因酒败事，大则误国事，小则误公事或私家之事，且此类人多是以不光明、不正当的手段吸民之膏血，揩国之脂泽，即饮不清白之酒、脏污之酒，其行为实同于贼窃。故名其为"贼"，当在力戒绝杜之列。

《韩熙载夜宴图》